U0379097

面白くて眠れなくなる生物学

有趣得让人睡不着的生物

[日] 长谷川英祐 著
侯月 译

北京时代华文书局

图书在版编目（CIP）数据

有趣得让人睡不着的生物 /（日）长谷川英祐著；侯月译．— 北京：北京时代华文书局，2019.7（2025.3 重印）

ISBN 978-7-5699-3070-2

Ⅰ．①有… Ⅱ．①长… ②侯… Ⅲ．①生物学—青少年读物 Ⅳ．①Q-49

中国版本图书馆 CIP 数据核字（2019）第 107834 号

北京市版权局著作权合同登记号　图字：01-2018-5390

有趣得让人睡不着的生物
YOUQUDE RANG REN SHUIBUZHAO DE SHENGWU

著　　者｜[日] 长谷川英祐
译　　者｜侯　月

出 版 人｜陈　涛
选题策划｜高　磊
责任编辑｜徐敏峰
执行编辑｜刘嘉丽
装帧设计｜程　慧　段文辉
责任印制｜訾　敬

出版发行｜北京时代华文书局 http://www.bjsdsj.com.cn
北京市东城区安定门外大街 138 号皇城国际大厦 A 座 8 层
邮编：100011　电话：010-64263661　64261528
印　　刷｜河北京平诚乾印刷有限公司　电话：010-60247905
（如发现印装质量问题，请与印刷厂联系调换）
开　　本｜880 mm × 1230 mm　1/32　印　　张｜6　字　　数｜100 千字
版　　次｜2019 年 8 月第 1 版　印　　次｜2025 年 3 月第 26 次印刷
书　　号｜ISBN 978-7-5699-3070-2
定　　价｜38.00 元

自序：生命存在的理由

大家都在高中学过生物学吧。课本上的内容一般是细胞、生殖与发生、遗传、刺激与动物的反应、内环境与体内平衡和环境与植物的关系，虽然生物课本中详细讲解了细胞的结构及其作用等内容，但很少提及每个部分之间的关系。

考试时候出的题也都是“线粒体的作用是以下各项的哪一个”“请回答柠檬酸循环中脱氢的数量以及会生成几分子ATP”等非常细小的问题。为了在考试中取得好成绩，大家不得不将书上的内容全部死记硬背下来。

与其他理科科目（物理、化学、地理）相比，生物课本很厚，很多人不喜欢生物学的原因之一就是需要背的知识点太多、太杂。确实，生物现象多种多样且十分复杂。生命基于物理、化学的基本法则进行活动，从拥有自主功能的生物到环境与生物体相互作用所产生的更高级别的生态现象都包含于生物学的范畴之内。生物学涵盖的范围极其广泛，这也是生物课本必须很厚的原因之一。

但同时生物还指的是约38亿年前出现于地球，经过漫长的进化最终变成现在多种多样的生命体。进化指的是按照某项原则变化的过程。因此，我们可以在物理、化学原理和进化的理论之下理解现在的生物多样性。

了解生物进化的原则并将物理、化学原则与生物现象相关联，就能轻松地理解生物多种多样的现象。人非常不擅长死记硬背，比如同样需要死记硬背的历史学科中，在记忆日本镰仓幕府成立的年号时，用“创建一个好国家（1192）镰仓幕府”[1]这样的顺口溜去记忆就容易多了。

人的大脑容易记住有意义的事物。也就是说，即使是复杂繁多的生物学，只要掌握了其中的意义就能轻松地记住。现在的生物课本的主要内容是生物是如何形成的（How），但书中只是将知识点罗列下来，各个部分之间

[1] 日语原文是“いい国（1192年）つくろう鎌倉幕府”，其中“好国家”与“1192”谐音。（译者注）

的关系并不明确。

科学有两大支柱，第一个是现象是如何发生的（How）。现代生物学起源于罗伯特·胡克发明显微镜，他用自己制造的显微镜发现了植物细胞，现代生物学的大部分内容是研究生命现象是如何进行的（How）。因此生物课本也是围绕“How”来展开并进行讲解。

第二个支柱是为什么会这样（Why）。也就是说，为什么这样进行（Why）与如何进行（How）这二者的出发点是不同的，试图从Why的观点解释生物的就是查尔斯·达尔文的“进化论”。

直到达尔文的“自然选择学说”出现之前，人们都不知道为什么生物具有适应所居住的环境的性质。达尔文认为同种生物的个体之间存在微妙的性质差异，更适合环境的个体能够生存下去并繁衍出更多的后代，因此生物变得越来越适应其所生存的环境。

此时，更适应环境的生物被自然所选择，因此这个机制也叫作“自然选择”。用一句话来说，“更加有利的生物得以生存并繁殖”。“自然选择”学说的出现首次在神学论之外解释了为什么（Why）生物会向适应环境的方向进化。

后来的研究也进一步证实了，现实中的生物接受自然选择并向适应环境的方向进化，所以复杂的生物现象也是基于自然选择的进化而产生的。因此从Why的观点来看，各部分之间的关系以及“某个现象发生的原因”都是有理由的。

知晓其理由就能清楚地理解生物所产生的各种现象以及各种现象产生的原因及结果了。

最初，生物并不像现在的人类一样拥有复杂的器官及控制各器官的系统，早期生命的结构应该比现在的细胞还要简单。生物从简单的结构慢慢进化为拥有复杂系统的生物，进而出现了多样的生物群。

生物利用之前存在的系统获得新的性质，在某些情况下，生物本可以采取更合理的方法，但生物实际采取的可能不是最优的方法。因此要理解现在的生物必须先了解生物的进化历史。

按照这个观点来整理生物学的话，会发现我们可以不用“死记硬背”而是去“理解”生物现象就能轻松掌握生物学知识。基于为什么（Why）会发生某种现象去记忆的话，记忆也会更加深刻。

简单来说，现在的生物课本没有一个贯通“进化”的轴，只是在单独地解释每个生物现象，这样自然无法基于生物现象的理论来有效地“理解”生物。

学问是一种基于有体系的理论从而理解所调查的现象的行为。从这一点来看，现在的生物课本虽然写的是生物，但并不是生物“学”。

本书介绍了如何基于物理、化学及进化的基本法则“理解”各种生物现象。目标读者是学过生物学或正在学习生物学却找不到窍门的人。

生物学不是只能去死记硬背。

生物学是一种基于物理、化学及进化的原则形成的统一现象，所以在理解其原理之后再学习生物学的话，就会轻松很多。

本书有很多作用，但我个人希望本书能帮助到那些对生物学习感到很痛苦的人。当然我本人也因为本书所讲的生物学现象而喜欢上了生物学学习。

另外，我还希望本书能帮助对生物学感兴趣的人深层次地理解生物。

长谷川英祐

目录

Part 1 生物的合理行为

Part 2 想与人分享的生物故事

Part 3 有趣的生物学

Part 1

生物的合理行为

AG
TC

生命的诞生是只有一次的奇迹

生物的共同特征

生命是什么？

活着究竟是怎么一回事？

知晓其答案也许就是生物学的最终目标，然而想得到一个完美的答案几乎是不可能的。但是我们所认为的“生物”大多数都有共同的特征：

1. 由叫作细胞的最小单元构成；

2. 从外部摄取物质进行代谢；

3. 繁殖；

4. 可以将自身携带的遗传物质遗传给后代；等等。

病毒这种种群具有遗传物质并能进行繁殖，但它们不能进行自主代谢，而是利用其他细胞的代谢系统来合成遗传物质进而繁殖下一代。在现代生物学领域中，关于病毒是否为生命这一问题，不同的学者对此有不同的看法。

如果考虑生物与非生物的界限的话，现代生物学能做到的仅仅是知道某种化学反应不是生物，而加上某种反应之后就是生物。

于是问题来了，加上哪种反应才算是生物呢？关于这一问题没有一个答案能够让所有人认同。如果有的话，那么病毒是否为生物这一问题早已得到解决了。

分类方法因人而异，无法统一。

可能会有人说用上述特征1～4就能定义生物，但比如说狮子和老虎的后代狮虎兽或虎狮兽虽然不能繁殖，可没有人认为它们“不是生物”，所以上述定义不能完全涵盖我们所认为的“活物”。先不管病毒或狮虎兽如何，这里我们将生物定义为“具有遗传物质能够繁殖、具备代谢系统的生命体”，简单来说就是自立、能繁殖的生命体。

现代生物学认为生命只有一次起源，早期生命不断进化，最终变成现在我们看到的多种多样的生物。现代生物学为什么这样认为呢？其中一个理由就是“遗传信息创造生物体”的机制在所有生物之间都是共通的。

除一部分病毒外，已知的所有生物的遗传物质都是脱氧核糖核酸（DNA）。“核苷酸”这种化学物质排列成长链从而形成DNA。每个核苷酸含有一个碱基，核苷酸的碱基有“腺嘌呤（A）”“鸟嘌呤（G）”“胞嘧啶（C）”“胸腺嘧啶（T）”四种，DNA链由这四种碱基排列而成。

构成蛋白质的氨基酸的种类

遗传信息写在长链的什么地方呢？要想回答这个问题我们必须先了解蛋白质。生物体的大部分物质都由蛋白质构成。和DNA一样，蛋白质也具有长链结构，但与DNA不同的是蛋白质由一种叫作氨基酸的化学物质形成链式结构。

另外，在所有的氨基酸中，只有二十种氨基酸可以构成蛋白质。我们都知道繁殖时遗传给下一代的不是蛋白质而是DNA。DNA上的碱基所携带的信息可以转换为对应的氨基酸序列，读取写入DNA的全部信息来合成蛋白质的这一过程，即通过DNA合成蛋白质的过程称为“遗传信息的表达”。

碱基有四种，氨基酸有二十种。仅凭一个碱基无法对应二十种氨基酸，只能对应四种氨基酸。假设两个碱基一组对应一个氨基酸，共有四的二次方，也就是十六种组合，来计算也只能对应十六种氨基酸，因此最少需要三个碱基为一组才能对应二十种氨基酸。

那么哪种碱基组合对应哪种氨基酸呢？我们通过以下实验进行了确认。

人工制作一条排列为AAAAAAAAA的DNA，表达后得到了一条排列为赖氨酸－赖氨酸－赖氨酸的氨基酸链。

但是这样无法判断对应一种氨基酸的是三个碱基还是四个碱基，于是接下来制作一条排列为ACCACCACC的DNA，即该DNA中每个碱基组合里有三个碱基，其中一个是不同的碱基，表达后得到了一条排列为苏氨酸－苏氨酸－苏氨酸的氨基酸链，从而可以看出三个碱基对应一种氨基酸。

为什么是三个碱基对应一种氨基酸呢？如果是四个碱基对应一种氨基酸，则AAGAAGAAGAAGAAGAAG这一排列应该读取为AAGA－AGAA－GAAG－AAGA，即氨基酸的排列应该变成氨基酸1－氨基酸2－氨基酸3－氨基酸1－，但如上所述，实际上得到的是相同氨基酸的排列，其数量是三个碱基对应一种氨基酸时的数量。

因此只有一种可能就是“三个一组的碱基对应一种氨

基酸”。具体请参照图1。接下来要做的就是调查哪种三个一组的排列（密码子）对应哪种氨基酸了。

◆ 图1

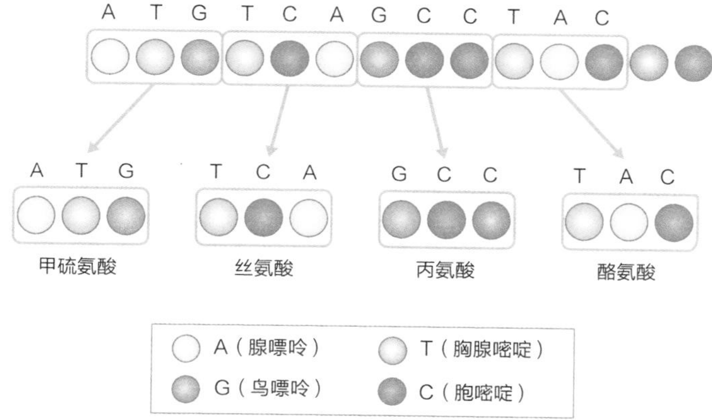

科学家们通过不断努力调查出了四的三次方即六十四种密码子所分别对应的氨基酸。调查的结果是发现六十四种密码子对应二十种氨基酸以及表达开始、表达结束共二十二种氨基酸。虽然六十四比二十二大，但科学家们同时发现所有密码子均有相对应的氨基酸等，不存在空对应的密码子。

解读密码子表

密码子表是表示密码子与氨基酸的对应表，想必大家在生物学考试的时候一定遇到过哪个密码子对应哪种氨基酸这样的问题吧。

之后，科学家们针对各种生物进行了密码子表的解读，结果发现几乎所有的生物都是相同的。所有生物的蛋白质均由20种氨基酸构成，这说明生命只有一次起源，并由此分化而成现在的状态。

另外，所有生物的细胞膜的结构均相同，这也是生命只有一次起源的证据之一。当然不能否定另外一种假说，即生命有两次以上的起源，由于某种原因而得到了现在我们看到的共性，但是目前还没有证据显示生命有两次以上的起源。

存在多个可能的假说时……

科学中存在“最大简约原理”，即当存在多个可能的假说时采用最简单的假说，并且直到出现能推翻该假说的证据之前一直采用该假说。科学中的事实指的是现在采用的假说，但并不能保证是否真的正确。

不管如何，现在的证据显示生命只产生一次并由此不断进化，所以可以解释为存在一个贯通所有生命的原理，各种生物现象在此理论之上均可成立。

无法传递的物质不会存留下来

稍微不同就会变得恐怖

我们所理解的"活着"的生物为了从外部摄取能量进行代谢并维持自己这一系统而进行自律活动。这是所有生物都具备的性质，人类在进化的过程中认为这就是"生物"。

这是因为如果人不认为这就是生物的话，就很可能因缺少危机意识而被其他生物吃掉，这对于生存来说非常不利。从"有利的东西得以进化"这一大原则来考虑的话，可以说我们认为"某种东西是必然的"这种思想也是进化的一个结果。

人类经常把非生物认作生物。比如说有人把索尼制造的动物型机器人AIBO以及最近的非真实人形机器人当作活着的。

顺便一提，这些机器人在不断拟人化的过程中，当经过某一点之后就会变得十分恐怖，这个点也叫作“恐怖之谷”。也就是说，“有很大不同”不会让人感到恐怖，而“稍微不同”会让人感到十分恐怖。

再比如说应该没有人认为狮子和老虎的后代狮虎兽或虎狮兽等混血动物不是生物吧。这是因为它们都是从外部摄取能量并进行自律活动的个体。

狮虎兽和机器人等不能繁殖后代，尽管如此，我们依然认为它们是生物。那么对于生物来说繁殖的意义究竟是什么？

现在已知的所有生物使用DNA（一部分病毒使用RNA＝核糖核酸）将自己的遗传信息传递给下一代。比如说，一个细菌分裂成两个，并将分别复制的遗传信息传递给下一代从而变成两个个体。包含人类在内的具有雄性和雌性的有性生殖生物通过卵子和精子的结合从而将母亲和父亲的遗传信息传递给下一代。新的个体基于接受的遗传信息形成身体、进行代谢并作为新的生物开始活动。

即，对于生物来说，繁殖是指创造新个体，并为此将具有遗传信息的遗传物质传递给该个体从而传递生命活动的行为。传递遗传信息是指传递为生存下去而进行代谢活动的方法，这对于生命来说十分重要，但遗传信息的传递在生物学上有更重要的意义，即进化仅发生于有遗传信息传递的生物。

皮卡丘是变态？

进化指的是生物的性质随着时间迁移而变化的过程。《口袋妖怪》这部动画片中，皮卡丘的能力随着自身的成长而不断发生变化，节目中把这个现象叫作“进化”。皮卡丘幼年叫皮丘，成年叫雷丘。但随着成长而产生的能力的变化在生物学中不叫进化，生物学中的进化指的是跨越世代并出现以前从未存在的东西。

皮卡丘的“进化”是每个世代重复出现的变化，这在生物学上叫作“变态”。变态发育还可以列举出蝌蚪变成青蛙。但是，遗传信息决定生物的性质，如果该遗传信息在世代间传递时渐渐发生变化，那么下一代可能会出现从未存在过的新的性质。这才是生物学所说的进化。

DNA或RNA含有四种碱基，这四种碱基的排列顺序决定了遗传信息的种类，DNA或RNA会复制原来的排列顺序并传递给下一代，但有极低的概率会发生复制错误，因此复制品和原本的模板不一定完全相同。

因此，现存的生物均能发生进化。需要注意的是，如果复制的遗传物质经过好几代之后依然与最初的遗传物质相同，那么这就是没有发生进化，进化只有在不完全复制核酸的碱基排列时才会发生。

为什么所有生物都会进行不完全的遗传信息的传递呢？这也是有理由的。

达尔文的自然选择学说中推测，如果遗传的性质发生变异，且该变异对于个体来说更加有利，那么这种有利的特征在世代间出现的频率会逐渐增大，最终会仅留下这种有利的特征。因为生物的遗传物质会逐渐发生变化，所以每一代都会在集体中出现新的特征。

因为其中也会存在更加有利的特征，因此以核酸为遗传物质的生物会逐渐进化为适应环境的生物。这样的话，即使存在“不进化的生物”——遗传物质完全不变化或不繁殖也不会死的生物，如果其与进化的生物进行长期竞争，也一定会因适应环境能力差而在竞争中失败。

所以即使假设以前存在过“不进化的生物”，也不会在竞争中胜利并活下来。像漫画中出现的不死生物必须是万能的，否则就不会在竞争中胜利并活下来，能做到这样的恐怕只有神了吧。

目前认为最初的生物的遗传物质是RNA，后来变成了稳定性高的DNA。现代生物学认为DNA之所以进行不完全复制是因为其受到了物理、化学的界限的限制，不发生复制错误的系统无法进化，并且不能在竞争中获胜。如果所有事都有理由的话，那么生物就是故意选择会犯错的系统来确保自己能延续下去。不管怎样，繁殖是连接世代的行为，因为有繁殖生物才能进化。总结一下，发生进化的条件有三个：

1.在世代间传递信息（遗传）；

2.传递的信息不完全相同（变异）；

3.变异体之间存在增殖率相关差异（选择）。

其中，只要有条件1和2就能发生进化，具备条件3的话就开始适应环境。这三个条件均满足的话即使非生物也会发生进化。

比如说大家小时候玩过的“传话游戏”，首先需要口头传递文章（遗传），然后中途产生错误（变异），最后文章的内容发生变化，所以这个游戏才有趣。这正是语言的进化。

这里说的是：进化不是生物的特异性现象，而是生物兼备上述三个条件才会发生适应性进化。

不满足这些条件就不会进化，因为有了进化所以才会在竞争中胜出、进而生存下来的生物们一定具有“遗传”这一系统。这样一来，大家就能理解为什么遗传是生物学中十分重要的一部分了吧。另外，遗传物质传递给下一代时，下一代必须从头到脚完全具备遗传信息，否则就无法存活下去。

遗传的机制根据生物种类不同而不同。比如，细菌等生物将现有的遗传物质复制成两份，并分别放进分裂成两份的身体内，从而复原与原来的亲代相同的状态。但是，像人这样有雄性和雌性的生物拥有两组全部的遗传信息（基因组），在传递遗传物质时会将其中一组传递给卵子或精子，通过受精再次变成两组从而恢复为与亲代相同的状态。

生物自诞生以来一直基于遗传系统进行适应性进化。另外，因为生物是由物质构成的，因此也会受到限制。

因此，要理解生物发生的现象就必须基于进化去思考和理解，另外所使用的物质的化学制约、身体强度等物理行动的界限制约了生物的存在方式。

这种制约条件随着进化而不断变化，因此生物所表现出的现象也变得多种多样。即使这样，这种物理、化学的制约以及进化的原理仍然是生物共通的原则。

生物的合理结构

决定头发颜色的基因

在进行遗传时，如果复制发生错误，则一定会发生进化。有遗传、变异的系统中会通过非常单纯的机制发生进化。

比如说，包含人类在内的二倍体生物的细胞内有两个基因组，并且分别有两个制作某蛋白质的基因，繁殖时将其中一个传递给卵子或精子，卵子和精子结合（受精）后基因再次变成两个。所有二倍体生物都采用这种方式进行繁殖。

以决定头发颜色的基因为例，假设使头发为黑色的基因为B、使头发为金色的基因为G。如果父母双方都是BG型基因的话，母亲提供的卵子中B和G的比例为1：1。父亲提供的精子中的比例也是1：1。此时将父母双方的基因合起来的话就变成有两个B、两个G，B和G的概率都是0.5。

这一对父母的下一代的基因如表1所示。

◆ 表1

		卵子的基因	
		G	B
精子的基因	G	$\frac{1}{4}$ GG	$\frac{1}{4}$ BG
	B	$\frac{1}{4}$ BG	$\frac{1}{4}$ BB

也就是说，下一代的基因的比例为BB：BG：GG＝1：2：1。如果他们生育了很多子女的话，那么子女中B和G的频率为1：1，与上一代相同。

但是如果只生育一个子女的话，那么这个子女为BB的概率是四分之一，为GG的概率也是四分之一，所以子代中某个基因消失的概率为二分之一。群体遗传学中把亲代和子代的基因频率的改变叫作进化，因此会以如上概率发生进化。

卵子或精子所具有的基因是随机的，因此从概率上来说一定会发生变化。此时变化的发生与头发是黑色有利还是金色有利无关。也就是说没有进化的第三个条件——“选择”——也会发生进化。

这个机制是在达尔文的自然选择学说之后，被日本的遗传学家木村资生博士发现的。木村博士将此命名为“遗传漂变”，他认为该机制是与“自然选择”不同的进化，但是该学说最初受到了达尔文进化论支持者的激烈攻击。

木村博士坚持自己的主张并逐渐搜集证据，如今该学说已经和自然选择并称为进化的两大机制。从理论上来说遗传漂变不完全正确，而且新发现总是不容易被人们认同。

达尔文提出的学说

遗传漂变确实会引起进化的发生，但是这说明不了“为什么生物会发生适应环境的进化”。遗传漂变认为进化的结果具有不确定性，并且与该性质是否有利无关。说明该学说的关键在于理解“选择”。

大家都知道生物具备适应所居住的环境的性质。但以前人们无法解释为什么会这样，因为过去几乎没有科学的解释，而是把生物的适应性归功为神的力量，也就说是过去人们认为神把所有的生物创造为适应其所居住的环境的形态。

达尔文所生活的时代认为生物自古以来一直以现在的形态生存，并认为随着时间而发生变化是对神的亵渎。1831年，达尔文登上了赴南美洲的勘探船“贝格尔号”前往加拉帕戈斯群岛。在那里他发现了在岛上生存的各种生物。

加拉帕戈斯群岛远离大陆。他发现每个岛上生存的雀类以及象龟的形态各不相同，并且都是适应其生存的环境的形态。比如说在一个岛上，雀类以坚硬的树籽为主食，它们的喙像钳子一样非常厚；在另一个岛上，象龟食用仙人掌坚硬的下部，它们的龟壳前部凹陷以便脖子能向上伸展。

当然这也可以理解为神的用心良苦，但达尔文看到这些动物后想到了另外一种可能性。加拉帕戈斯群岛远离大陆，所以雀类和象龟应该不可能往返于大陆，更可能是它们到了岛上之后来往于各个岛之间。这样的话，龟类和雀类变成了适应每个岛的环境的形态。

并且当时上流社会流行改良鸽子品种，于是达尔文联想到了从具有多个特征的个体中选出具有某个特征的生物，通过使其重复交配就会得到明显具备该特征的品种。

在进行品种改良时，人类选择生物并使其交配，如果自然进行选择的话，那么生物就会自然地进行进化了吧？还差一点。生物所养育的子女并不一定全部都会长大，大多数生物还未长大就会死掉。

结合这一事实和某种生物的个体间存在多种特征的个体差异的情况来看，某生物所生存的环境中，某个体应该经常需要和其他个体竞争并会出现伤亡。比如说具备跑得快等容易存活下去的性质的个体，其存活率远高于不具备该特性的个体，并且能够留下更多的子代。其子代应该也具备跑得快这一性质，所以该种生物整体就会逐渐变成全是跑得快的个体。

像这样，具备适应环境的性质的个体经常被自然选择，生物也会向具有适应环境的性质的方向变化。这就是基于生存竞争的自然选择的发现。

《物种起源》引起巨大轰动

达尔文非常慎重，他在公布自然选择学说之前观察了许多生物来验证自己的学说是否能解释进化，直到晚年才公布了该学说，并总结于著名的《物种起源》中。还有一种说法是他听朋友说有一位年轻博物学家阿尔弗雷德·华莱士，向英国的学会杂志投稿了一篇基于完全相同的想法的进化论，于是达尔文急忙公布了准备好的原稿。

不管怎样，自然选择学说引起了巨大的轰动。

自然选择学说排除了神的力量，解释了适应性进化，这对当时以教会为权威的英国来说是个大问题。当然教会非常无趣，认为人是神选中的特别的生物，作为万物之灵长存在于其他动物之上，如果基于自然选择学说的进化论是真的话，那人就变成从猴子进化而来的了。

当时，报纸甚至刊登了将达尔文的脸放在猴子的身体上等讽刺画。后来骚动越来越大，终于到了教会和进化论者“对决”的那一天。由于当时达尔文疾病缠身，他的朋友赫胥黎代替生病的达尔文和教会派出的威尔伯福斯大主教在民众面前进行了“对决”。

大主教说：“大家想一想，如果进化论是真的话，那我们人类就是从丑陋的猴子进化而来的了，大家能认同吗？”赫胥黎则回应道：“如果大家不认同从理论上来说正确的东西，那还不如丑陋的猴子。”

进化论和雀类的喙

据说，当时对教会心存不满的民众对赫胥黎鼓掌欢呼以表示赞同。从此进化论逐渐被大家认知，自然选择学说也逐渐被大家接受。

自然选择学说是非常简单的假说，其主要内容是只要聚集了遗传、变异、选择，就会自动向适应环境的方向发展。仅此而已。因为理论上并不矛盾，所以剩下的问题就只是验证生物是否真的是这样进化的。

想要调查这一点非常难，到了20世纪才出现了几个有力的证据，其中一个就是对加拉帕戈斯群岛的雀类进行的研究，通过调查每个岛每年种子的硬度和雀类的喙的厚度，发现若种子的平均硬度随着环境的变化而变化，则第二年雀类的喙也会变化为适应该硬度的形态，这也说明“不适应种子变化的鸟容易死亡”。

这正说明了当自然环境变化时只有适应该变化的生物

得以存活，进而发生适应性进化。之后几种生物也表现出了适应环境的进化，到现在已经几乎没有怀疑自然选择的人了。这真是值得庆祝的一项科学成就。

据说生物已存在于这世上38亿年。生物具有遗传和变异的系统，并在环境中生存。

这样的话，现存的生物全部经过了38亿年的适应性进化。从适应性进化这一基础轴来思考的话更容易“理解”现在的生物所表现出的各种现象。

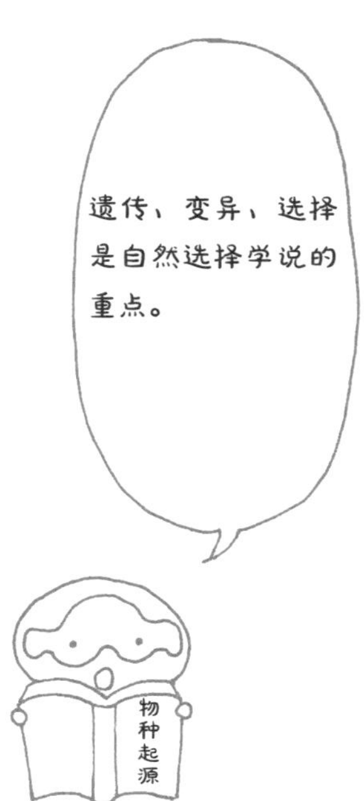
遗传、变异、选择是自然选择学说的重点。
物种起源

DNA为什么是双螺旋结构

沃森和克里克提出的双螺旋

负责“遗传”的物质是DNA，发现DNA结构的詹姆斯·沃森和弗朗西斯·克里克，因此获得了诺贝尔生理学或医学奖，他们发现的结构就是“双螺旋”。

图2-1表示了DNA的结构。

DNA为长链结构，由叫作“核苷酸”的物质连接而成，连接方式为核苷酸的五个碳连成的五角形的结构（五碳糖）中第五个碳连接于下一个核苷酸的第三个碳。一个核苷酸会向外突出A、G、C、T的其中一个，然后有另一条反向的核苷酸链与该碱基相对，两条链上的碱基部分互相配对。

也就是说DNA就像一条条长梯子，碱基对的部分就是阶梯。此时，如果一侧是A的话，那么另一侧与其配对的一定是T，如果一侧是G的话，那么另一侧与其配对的一定是C。之后再告诉大家为什么是这种结构。

◆ 图2-1

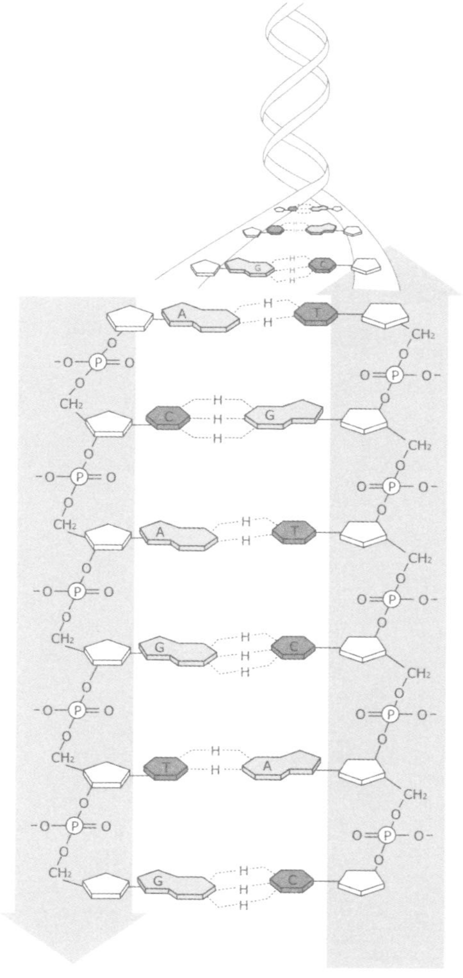

◆ 图2-2

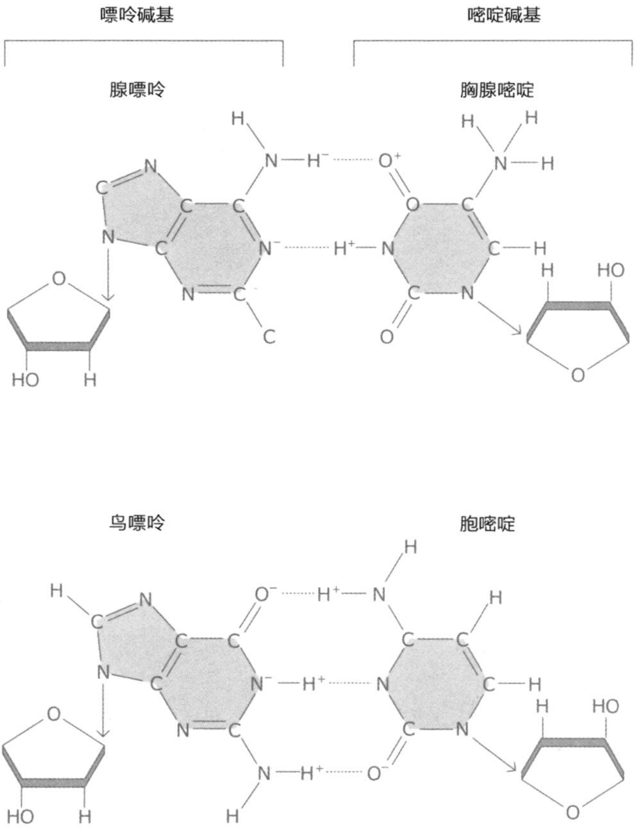

嘌呤碱基

嘧啶碱基

腺嘌呤

胸腺嘧啶

鸟嘌呤

胞嘧啶

扭转的核苷酸链

核苷酸链为螺旋状，其结构与梯子不完全相同，核苷酸链的两条螺旋之间存在一定间隔并且一直螺旋下去，所以才叫“双螺旋”。大家可以想象一下拿着梯子的两侧并扭转的样子。

这在生物学上属于必考点，大家考试的时候一定遇到过吧。这时候可能有人会问：为什么要扭转？像梯子一样直的不行吗！确实不行。

核苷酸的主体部分五碳糖为五角形，所以与其他五碳糖连接时连接处不可能是180度，必须存在一定角度。有一定角度的连接持续的话就会变成周期性的螺旋。

DNA所携带的蛋白质的设计图（基因）的长度通常来说大约有数百到2000个碱基，双螺旋结构更加稳定。从某种意义上来说，DNA在化学物质层面上具有最合适的状态。

双螺旋结构能保证DNA发挥重要作用，具体内容请见下一节。

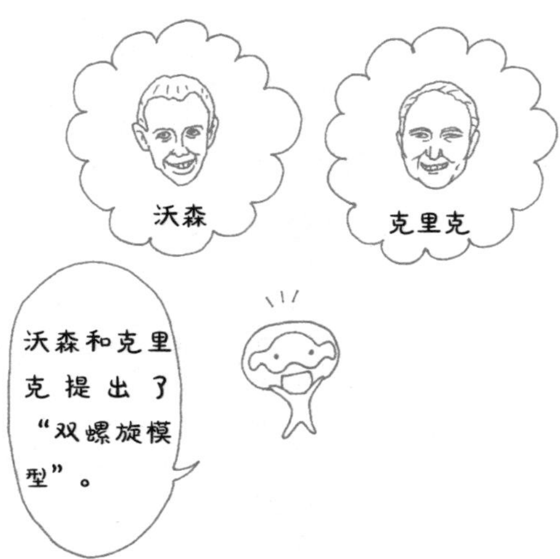
沃森
克里克
沃森和克里克提出了“双螺旋模型”。

DNA的故事之一：遗传信息的双重保护

不可或缺的遗传信息

DNA的碱基序列携带有制造蛋白质的遗传信息。DNA为双螺旋结构，两侧具有碱基序列，遗传信息蕴藏于其中一侧，而另一侧碱基序列相当于遗传信息的保护盖，但它的作用又不仅限于保护盖。

正因为有遗传信息，生物才能形成身体并进行代谢，也就是说遗传信息不可或缺。因此只有尽量不缺失遗传信息才能生存下去。遗传信息发生变异或缺损，易导致生物无法存活，因此这样的基因会被淘汰。

那么DNA是如何保护遗传信息的呢？现在学术界认为，最初的生物的遗传信息不是DNA，而是没有保护盖的单链即RNA(核糖核酸）。RNA链的结构与DNA的单侧的链基本相同，不同点是，DNA中的核苷酸的核心五碳糖中连接氢H的部分在RNA中连接的是氧和氢结合的羟基。

另外，DNA的组成碱基是ATGC，而RNA的组成碱基是AUGC。虽然只有这两处结构不同，但导致了DNA和RNA最大的不同之处：作为物质的稳定性。

与DNA相比，RNA非常易分解，这是因为连接于DNA的五碳糖部分的H基的化学稳定性高，而连接于RNA的相同位置的羟基则容易与其他物质发生反应。

RNA易分解还有一个理由。寄生于细菌并增殖的病毒的遗传物质为RNA，细菌为了分解入侵的病毒RNA，而合成很多用于破坏RNA的蛋白质（酶）。因此，RNA在体外极易分解，即使是在提取核酸的实验中也要十分仔细，以防RNA分解。

使用DNA来保护遗传信息的第一个理由就是DNA不易分解。如果轻而易举就能分解的话，那么遗传信息也会随之消失，这对于生物来说是致命的。遗传信息从最初的RNA变为DNA，是为了提高遗传信息安全性的适应性进化。

基因的保护盖

DNA比RNA能保护遗传信息还有一个原因，即只有DNA

具有保护基因的保护盖。DNA为双螺旋结构且碱基对互补（A—T、G—C），从实质上来说相同的信息存在于两条链上。虽然DNA只有单侧的链的信息作为基因翻译成蛋白质，但保护盖上也存在相同的信息。

DNA在“翻译”时会将两条链解开，只传递其中一侧的链的排列顺序。此时，即使传递的链由于某种理由而丢失了，只要起到保护盖作用的部分还在，就能复原最初的信息，而只有一条链的RNA永远无法做到这一点。

如上所述，起到生命的设计图作用的遗传信息被DNA双重保护。

DNA的故事之二：碱基对与梯子理论

DNA的侧边和阶梯

DNA为双螺旋结构。此时，DNA一侧的链由以五碳糖为核心的“核苷酸”连接而成，两条链之间形成碱基对。DNA就像扭转的梯子一样呈螺旋状。

三个碱基对应一种氨基酸，一个蛋白质由数百个氨基酸连接而成。也就是说合成一个基因需要的碱基对的数量是其三倍，因此DNA只有为长链才能发挥其作用。

像RNA那样的单链可以无限延长，但双链却不行。想要变长要满足一定条件，这就是“梯子”。想要变长同时还要保持稳定就需要两侧的链以固定间隔排列。现实中的梯子除A字梯之外，都是两个侧边平行排列，中间有固定长度的阶梯横跨两个侧边。

DNA从数学角度来看必须是这种结构，理由是要用两条侧边来形成很长的结构的话，两个侧边“必须平行”，因为如果不平行的话就会相交，从而无法变长。

DNA可以无限延长?

DNA中发挥侧边作用的是核苷酸链，发挥阶梯作用的是碱基对。核苷酸链为螺旋状，两条螺旋互相平行，因此两条核苷酸能一直保持相同间隔延长下去。

另外，发挥阶梯作用的碱基对中，有五个碳的五角环形化学结构与由六个碳构成的六角环结合而成的嘌呤碱基（A、G）和仅由五角环构成的嘧啶碱基（C、T）一定相对，因此核苷酸链才能一直保持固定的间隔（参照第27页图2-1）。

碱基对的组合一定是A－T、G－C。嘌呤碱基和嘧啶碱基配对从而阶梯才能一直为固定间隔，因此才能完成“梯子理论”。这样从原理上来说DNA可以无限延长。

现实中，有的生物的全部遗传信息仅存在于一条双螺旋DNA中。遗传物质DNA之所以能携带遗传信息，是因为DNA能实现遗传信息所需的长度。

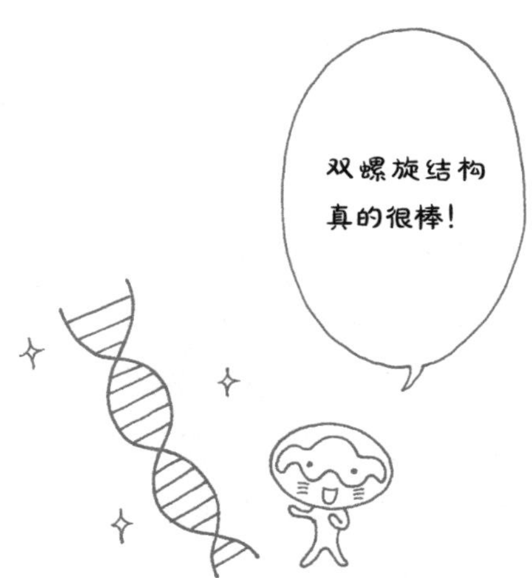
双螺旋结构
真的很棒！

DNA的故事之三：A-T、G-C组合的原因

A、G、C、T——四个碱基

DNA结构中，两条相对的核苷酸链各伸出一个碱基，两个碱基在其间相连。此时，A、G、C、T四个碱基中，配对方式一定是A－T、G－C。

A和G是嘌呤碱基，T和C是嘧啶碱基（参照第28页图2-2），嘌呤碱基比嘧啶碱基长。梯子要想平行延长阶梯的长度就必须全部相同，因此为保持固定间隔需要嘌呤碱基和嘧啶碱基配对。那为什么不是A－C或G－T呢？当然是有理由的。

碱基对的碱基之间的结合与普通化学物质的元素之间的结合不同。普通的结合叫共价结合，两个分子的一部分

通过共享电子从而形成一个化合物。在表示化学物质的结构的图中这种结合用“线”表示，因为结合的力度很强，所以基本不会分开。

A—T、G—C配对的理由

碱基对之间的结合不是共价结合，而是带正电荷或负电荷的末端元素相对，从而通过分子间力互相吸引的氢键连接在一起。带正电荷的元素吸引带负电荷的元素，二者通过吸引力连接在一起。但是该吸引力非常弱，需要带正负电荷的元素十分接近，才能发挥作用，该原理与互相远离的磁铁不会吸引在一起相同。

碱基对用氢键连接——这就是只能A－T、G－C进行配对的原因。请看第28页图2-2。从反向的核苷酸突出的两个碱基互相配对。

使用这种组合的话，在反向配对时，与末端带正电荷的元素相对应的是带负电荷的元素。如果是A－C、G－T配对的话，就会出现正电荷对正电荷，负电荷对负电荷的情况，因此无法产生吸引力。只有A－T、G－C组合时才能产生吸引力，并产生氢键。也就是说，需要碱基对形成的氢键来维持DNA双链结构，因此只有A－T、G－C这种配对形式才能满足上述需求。

另外，只有碱基对之间使用氢键还有其他理由，氢键是一种较弱的键，吸收热量等能量时很容易断裂。考虑到DNA的功能，这一点很重要。

DNA携带的遗传信息就是碱基的排列方式，因此DNA必须能在必要时解开双链并读取碱基的序列。这时就要用到氢键，氢键与共价结合不同，用很少的能量就能断裂。

另外热能不会使共价结合断裂，因此用共价结合的方式连接的核苷酸，能使双螺旋中具有遗传信息一侧的碱基序列，维持为以序列的形式被读取的单链形式。双链能保护遗传信息还能使其在必要时断裂——能满足这一矛盾的要求的就是用氢键连接碱基，并且配对方式必须是A－T、G－C。

“理解”而不是“记忆”

生物在分子级别的功能也十分完善，虽然不清楚这是不是适应性进化的结果，但DNA的结构也能从生物进化的观点理解。

我在大学时第一次理解了这个结构时，除了感动还有后悔。如果早点知道的话，我就不用死记硬背什么“嘌呤”“A—T、G—C”了……

在高中学习生物学时，老师让我们记住碱基对是嘌呤碱基和嘧啶碱基的组合，并且配对为A—T、G—C。单纯地去背诵的话简直比念佛经还要费劲。但是如上文所讲的那样，能理解“为什么一定是嘌呤碱基和嘧啶碱基的组合，以及为什么一定是A—T、G—C的组合”的话，就会自然而然地将知识点记住了。

遗传物质为什么是DNA

DNA和RNA

除一部分病毒是RNA以外，其余生物的遗传物质都是DNA。因此大家认为早期生命的遗传物质是DNA。但是如果DNA是早期生命的遗传物质的话，就无法解释生命的进化，这是为什么呢？

现在的生物将存在于DNA的碱基序列翻译成蛋白质。蛋白质作为催化体内必需的化学反应的酶，是维持生命活动不可或缺的物质。在DNA的碱基序列翻译成蛋白质的过程中，从碱基序列的信息到氨基酸再到蛋白质链这一过程中使用信使RNA、核糖体RNA以及转运RNA这三种RNA作为媒介。请看下一页图3。在翻译时，DNA的碱基序列（基因）转录产生与其序列互补的信使RNA。比如说DNA的序列是

GAT，则转录而成的序列就是CUA。

然后信使RNA固定于核糖体的特定位置，核糖体由核糖体RNA和蛋白质构成。

◆ 图3

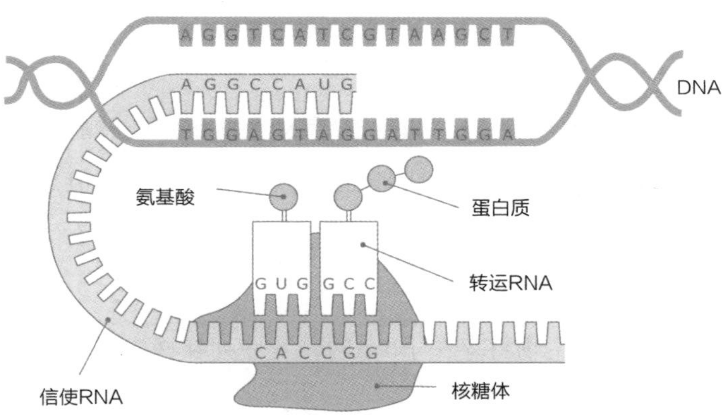

核糖体读取指定氨基酸的信使RNA上的三组碱基（密码子），并捕捉与其指定的氨基酸结合的转运RNA。转运RNA具有识别部位，该识别部位具有与信使RNA上的指定氨基酸的序列互补的序列，并按照序列的种类与特定的氨基

酸结合。

识别部位固定于信使RNA的密码子的位置，氨基酸从转运RNA脱离并加入刚合成的蛋白质链。

按照DNA、信使RNA、转运RNA的顺序来说的话，此时的碱基序列信息的转换比如是GAT、CUA、GAT。重要的是RNA几乎掌控了DNA上的碱基序列翻译成蛋白质的全部过程。

早期生命只具有RNA?

现在的生物使用DNA作为遗传信息，并通过蛋白质控制代谢所需的化学反应。但是，早期生命使用的应该不是这套系统，而且不具备通过遗传信息进行自我增殖和代谢的功能。

但如前所述，偶然出现由DNA、RNA、蛋白质构成的复杂系统的概率应该很低。这样的话，还有一种可能性就是负责代谢的催化剂蛋白质最初也兼任作为遗传物质。

但现在也不存在蛋白质复制蛋白质这一机制，如果蛋白质是最初的遗传物质的话，就无法说明为什么现在遗传信息存在于DNA并且在翻译时使用RNA了。

那么有没有可能是早期生命仅由DNA组成，并且DNA负责代谢呢？但DNA是稳定性非常高的化学物质，其自身很难发生化学反应，并且目前也没有发现DNA还有作为控制化学反应的催化剂的功能。那么仅剩下一种可能性，就是早期生命只拥有RNA。

现在普遍认为生命只有一次起源，如果早期生命只具有RNA的话，能满足必要的条件吗？RNA与DNA相比极易发生化学反应，而且RNA为单链，所以RNA不仅像DNA一样能扭转，还能通过自身互补的碱基序列的部分连接来形成立体结构。也就是说，RNA很柔软。

事实上，转运RNA通过其本身进行连接，具有像四叶草的叶子一样的立体结构。该立体结构在转运RNA与其自身所指定的氨基酸结合时发挥着非常重要的作用。转运RNA通常不具有控制化学反应速度的催化剂功能，但与坚固的DNA不同，转运RNA其实是隐藏着该功能的。

实际上后来也证明了RNA有时也具有催化功能。另外RNA通过核苷酸连接而成的链结构具有碱基序列，因此其本身就可以成为遗传信息。

总结来说，即使早期生命仅具有RNA，但该细胞也可能进行将该RNA本身作为模板来复制与其本身相同的碱基序列这一代谢过程。

这样就能满足作为生命的必要条件。早期生命逐渐将负责代谢的功能交给蛋白质，将作为遗传信息的功能交给了DNA。蛋白质比RNA的柔软度高，能变成各种各样的立体结构，因此与RNA相比蛋白质更适合作催化剂。

期待科学家发现真相的那一天

DNA比RNA稳定性高且DNA的双链结构能更严密地保护遗传信息，也就是说从适应性进化这一观点来看，从RNA到DNA到蛋白质这一过程具有必然性。然后，结果就是完成了现在我们所见到的DNA→RNA→蛋白质这一遗传信息表达系统。

早期生命仅由RNA组成这一假说被称作“RNA世界假说”。这一假说非常有说服力，但现在还没有发现除病毒以外使用RNA作为遗传信息的生物，因此该假说是否正确，目前还无法验证。生物史中最难的课题就是去验证现在无法看到的过去的现象。

当然，我们也不能回到过去进行实际观察。科学家们正在用各种方法不断挑战生命的一个又一个谜团。让我们期待发现真相的那一天吧！

酶的作用：蛋白质的利用

柔软的蛋白质

“RNA世界假说”认为，催化生命所必要的化学反应的催化剂从RNA逐渐变成了蛋白质。RNA只有四种碱基，而蛋白质由二十种氨基酸形成的链构成。因此蛋白质的序列多样性比RNA高得多。比如以两个单位相连而成的最简单的序列来说，RNA最多有4×4＝16种，而蛋白质有20×20＝400种。

另外蛋白质比RNA“柔软”得多，能变成各种各样的立体结构。有的氨基酸带电荷，有的氨基酸能和其他氨基酸稳定结合，因此由氨基酸连接的长链（肽）能变成各种各样的立体结构。这些肽之间还可以连接，进而变成更复杂的结构。

生命体的代谢需要用到各种化学反应。化学反应需要能量才能进行下去，而生物的体温只有20～45摄氏度左右。

蛋白质本身超过60摄氏度的话就会变性，而且变性之后无法恢复原状，因此生物的体温不能很高。所以，要在如此低的温度下进行化学反应就需要“催化剂”。

催化剂本身不会变化

催化剂能降低进行化学反应所需的能量，它的特征在于既发挥了催化作用，而本身也不会发生变化。要想在温度低且只有很少的能量的生物体内进行化学反应，就需要催化剂进行控制。

RNA世界推测RNA本身发挥了催化作用，现在的生物中发挥催化作用的是由蛋白质构成的“酶”，准确地说具有催化功能的蛋白质叫酶。一个催化剂只能控制特定的化学反应，因此要同时催化多个化学反应，就需要和化学反应相同数量的催化剂。

生物的体内会进行无数个化学反应，因此就需要无数的催化剂。这也许就是为什么催化剂（酶）是蛋白质而不是序列多样性有限的RNA。酶作为催化剂能大幅降低化学反应所需要的能量，它的能量比金属等所具有的催化作用要大得多。也就是说酶的种类很多，其能控制许多化学反应，而且性能非常高。为什么酶有这样的绝招呢？

答案在于蛋白质具有丰富的多样性。一般来说，蛋白质由2～300个氨基酸结合而成的肽构成，而氨基酸有20种，因此蛋白质的序列数最多有2～300的20倍。

当然不是所有蛋白质都有催化功能，就算只有1%的蛋白质具有催化功能，那么它的数量就是2～300的20倍的百分之一，仍然很多。有这么多具有催化功能的蛋白质，就可以逐一催化体内的化学反应。

另外，酶作为催化剂的效率非常高，这也和自然选择有关。过去生物酶的效率应该没有现在高，但酶的效率高的生物进行化学反应时需要的能量少，因此当出现可以合成高效酶的基因时，该个体变得有利，进而该基因得以留存。

事实上，蛋白质的氨基酸序列改变的话，酶的催化剂效率也会变化。具体来说，如果DNA的碱基序列突然变异，导致碱基的排列顺序发生变化，则翻译出来的氨基酸的种类会随之改变，进而蛋白质的氨基酸序列也随之改变。最后蛋白质的立体结构发生变化，其作为催化剂的效率也会变化。

现在已知的大多数遗传病都是因为特定基因的碱基序列发生变化，导致蛋白质不能作为酶发挥作用，使催化效率降低而造成的。也就是说，一点小变化就会使酶的功能严重受损，这说明了现在的酶已经进化出非常高的功能。

用进化解释生命的机制和秘密

生物需要进行从某化学物质向其他化学物质的变化，即一定方向的变化。分解葡萄糖能获得能量，但进行逆向反应就得不到所需的能量。因此，对于生物来说控制反应的方向非常重要。反应的方向由反应前和反应后的物质的量决定，催化剂本身不控制反应的方向。

酶既催化正向反应也催化逆向反应。以分解葡萄糖为例，当供给了葡萄糖时无分解后产物，就像水从高处流向低处一样，反应会向着分解葡萄糖的方向进行。但是如果葡萄糖的分解产物保持原状不被处理，当它变得比供给的葡萄糖多时就会发生合成葡萄糖，即逆向反应。

但是在生物的内部，由某种反应而出现的产物马上会由其他反应变成其他物质，因此，通常来说逆向反应不会发生。通过该机制，生物的代谢系统就像河水一样顺畅地向一定方向运行。

DNA的结构和作用、由此产生的遗传信息、合成的蛋白质作为酶发挥的作用、控制反应只向所需的方向进行的机制——如此精妙的生命的机制和生命诞生的秘密都能用基于自然选择的进化来解释。

细胞的诞生：自动形成的磷脂双层膜

生物由一个一个“小房间”构成

早期生命在水中诞生，具有遗传物质并能进行代谢。但是能进行反应的物质在水中不容易聚集，因此生命活动难以维持。

为了维持生命活动，需要将遗传物质限定在一个狭小的范围内，并在该范围内进行代谢。

现在所有的生物（病毒除外）都由被细胞膜围成的小房间构成（细胞：cell）。细胞膜是区分体内体外的分界线，因此早期生命应该具有这种结构。那么，这种结构是怎样诞生的呢？

细胞膜由磷脂这种物质构成。磷脂具有球状的头部和像绳子一样的尾巴，具体结构请看图4。球状部分具有亲水性，尾巴部分具有亲油性（疏水性）。磷脂的头部排在外侧，尾巴排在内侧。

◆ 图4

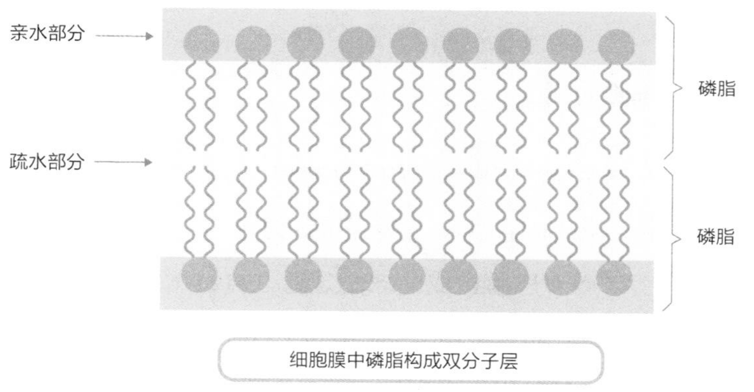

细胞膜中磷脂构成双分子层

这种结构非常自然。将大量磷脂放入水中并搅拌的话，磷脂会在水中拆开，变成一个一个的磷脂。但磷脂的尾部不易亲水，因此其会寻找其他磷脂的尾部，从而形成尾部对尾部的结构。这种结构不断连接就形成了细胞膜的基础——双层磷脂结构。

这一反应在水中发生，因此该磷脂膜不亲水的尾部会采取尽量不接触水的形态，最后就会变成由双层膜构成的球状。内侧和外侧均由亲水的头部相接，该球状结构十分稳定。

总结来说，水中存在大量磷脂的话，生物就会自动形成以和细胞膜相同的基本结构作为边界的小球。

细胞的诞生

早期生命应该由这样的小球构成，小球中包含了遗传物质和负责代谢的RNA。这就是细胞的诞生。

由磷脂双层膜构成的球不是通过自然选择产生的，那么为什么会是这种结构呢？仅罗列生命所示的现象难以进行解释，但如果知道为什么是这种结构的话，就容易理解、记忆了。

细胞的合体：叶绿体和线粒体

生命所需的能量

早期生命在出现的同时就开始发生进化。有遗传、变异、选择时会自动发生进化，因此具备这些前提的生命体会自主地进行进化。场所不同，有利的性质也不同，因此具有各种不同性质的生物在不同的场所不断地进化（请大家想一想加拉帕戈斯群岛的生物）。于是，就产生了生物多样性。

对于生物来说，如何获取生命活动所需的能量十分重要。现在的生物分解葡萄糖等糖，从中会产生ATP这种物质，生物利用的就是存储于ATP中的能量。

该过程有两个化学反应系统。一个叫作糖酵解，即葡萄糖在变成其他化学物质的过程中产生少量ATP的反应系统。所有生物均具有该反应系统，因此早期生命应该也具备该系统。

另一个系统叫作TCA循环（＝柠檬酸循环），以糖酵解的最终产物为起点并利用氧从而产生大量ATP，即变成如苹果酸、富马酸等多种物质的过程。

TCA循环的最终产物和糖酵解的最终产物结合，从而再次回到循环的初始点，进而循环再次进行。只有进行有氧呼吸的生物具有TCA循环。这一系列的行为在线粒体这一细胞器中进行。

另外，植物具有叶绿体这一细胞器，叶绿体能从水、二氧化碳和光的能量中制造葡萄糖。糖酵解和TCA循环没有葡萄糖的话就不能制造能量。动物通过进食获取能量，而植物却不用。植物没有嘴，也没有消化器官，更不能出去觅食，因为植物本身就能制造食物，因此进化成这种形态也是理所当然的。

存活于细胞中的线粒体

线粒体和叶绿体具有和其他细胞器不同的性质，这是因为线粒体和叶绿体具有和细胞主体的DNA不同的DNA。其能分别指定不同的蛋白质，这些蛋白质分别催化不同的化学反应。

为什么会变成这样呢？目前还没有十分明确的答案。

有一种假说是，线粒体和叶绿体原本是和其所存在的细胞不同的生物，后来被细胞吞没变成了细胞器。线粒体原本进化为能高效地从葡萄糖制造能量的生物，而叶绿体原本进化为能从光能高效地制造葡萄糖的生物，后来吞没了线粒体、叶绿体的细胞也同时具备了该能力，这对于生存来说非常有利。

就像现在的家禽生活在安全的场所一样，线粒体和叶绿体存在于细胞中才得以存活下来。现在我们已知，细胞的核基因组DNA中存在原本线粒体才具有的基因，这也支持了线粒体和叶绿体被吞入细胞这一假说。

线粒体和叶绿体与细胞融合，细胞从而进化成了新的生命体。这与基因产生突然变异，从而出现变异体所产生的进化不同，这是由其他机制引发的飞跃性进化。可谓世界之大无奇不有。

基因组的战争

细胞和线粒体的关系

线粒体和叶绿体原本是与细胞主体不同的生物，后来被细胞吸收变成了细胞的一部分。细胞提供线粒体和叶绿体生存所需场所和活动所需物质，从这一点来说，线粒体和叶绿体就像家畜一样。

就像家猪和野猪一样，家畜逐渐具有人喜欢的特征。家畜变化为必须有人的照顾才能生存下去，那么细胞和线粒体（或叶绿体）之间也存在这种支配关系吗？

不同生物所具有的遗传物质不同。现在线粒体、叶绿体具有DNA也就说明了其原本和细胞不是一个生物。只要有遗传、变异、选择就会自动发生适应性进化。生物所具有的DNA包含许多基因，通过相互作用最终形成一个生物。

在具有线粒体、叶绿体的细胞中，细胞主体具有核基因组，线粒体、叶绿体也具有多个基因组，会各自进行复制。

这里以线粒体为例，与没有线粒体的细胞相比，有线粒体的细胞能从相同量的葡萄糖制造出大量能量。有线粒体的细胞增多，线粒体也会随之增多，因此，与生活在严峻的外界的单独线粒体原种相比，存活在细胞内的线粒体更有利。

也就是说细胞和线粒体的关系是共存共荣。但是反过来看的话，如果线粒体从细胞“离家出走”，那么这对于细胞来说是致命打击。所以细胞就逐渐进化出不让线粒体逃跑的性质。因为二者共存共荣，所以它们同时发生着不让自己处于不利之地的进化。

核基因组的巧妙的方法

现在的核基因组存在几个原来存在于线粒体基因组的基因。这些基因合成的蛋白质，在线粒体内用作产生能量的反应所需的酶。

由此可以推测，这些基因原本存在于线粒体基因组上。这是为什么呢？线粒体逃跑对于核基因组来说是个巨大的损失，如果核基因组抢走线粒体的基因并将其编入自己的基因组的话，那线粒体就不可能离开细胞而独立生活了。也就是说核基因组通过这种方法使线粒体逃不出去。

现在人们已经预测到了现存于线粒体的基因中哪一个将要移动到核基因组。细胞和线粒体共存共荣的关系里也存在着激烈的支配关系。

就像我们人类改良并支配家畜一样，生物的世界中有合作的地方就有对立的地方。

制造能量之一：为什么酶促反应在水中进行

没有叶绿体的生物是……

线粒体能制造能量、叶绿体能合成糖，二者均与生物的能量代谢息息相关。地球上的所有生物为了维持生命而通过各种形式吸取外部的能量并进行代谢。能量的原料——葡萄糖的出现并非偶然。

生命活动离不开葡萄糖，植物的叶绿体通过光合作用将光能转换为葡萄糖。也就是说没有叶绿体就无法补充生命活动所必需的能量，生物就会灭绝。

草食动物吃植物，肉食动物吃草食动物，肉食动物死后被细菌等分解，再次供给于植物的生长。从这一食物链可以看出，在生命活动中所消费的部分能量作为热能释放到环境中，如果没有新的能量补充，该循环就无法持续下去。植物将太阳光的能量转换为葡萄糖带到循环中，因此该循环得以持续下去，叶绿体的重要性不言而喻。

而另一方面，线粒体的作用也毫不逊色。不使用氧气就能分解葡萄糖并产生ATP的糖酵解，是无法高效地获取储存于葡萄糖内的能量的，因此即使存在相同量的葡萄糖，如果没有线粒体所负责的TCA循环的话，多种多样的生物界也将不复存在了吧。

未记载于生物课本中的内容

能量代谢相关的两个细胞器具有共同之处。叶绿体和线粒体均是内部空洞的磷脂双层膜结构。因为它们原本就是和细胞不同的生物。

除此之外，这两个细胞器在细胞中具有不同的膜结构，因此膜结构是双重的。也就是说，器官的边界即膜的内部具有被液体填满的空间，并且存在一个与外膜不同的膜。请看图5。

液体部分叫基质，在线粒体中叫线粒体基质，在叶绿体中叫叶绿体基质。膜的部分在线粒体中叫嵴，在叶绿体叫类囊体。然后，在各个基质的部分存在通过化学反应分解、合成葡萄糖的系统（线粒体的TCA循环、叶绿体的卡尔文循环），膜的部分存在将电子能量转换为物质的电子传递链。

生物课本中没有解释为什么是这种结构。大家只能死记硬背，即：叶绿体基质＝叶绿体＝卡尔文循环、嵴＝线粒体＝电子传递链。但成为这种结构是因为某个必然的理由。那么我们首先看一下基质部分存在化学反应系统的理由吧。

◆ 图5

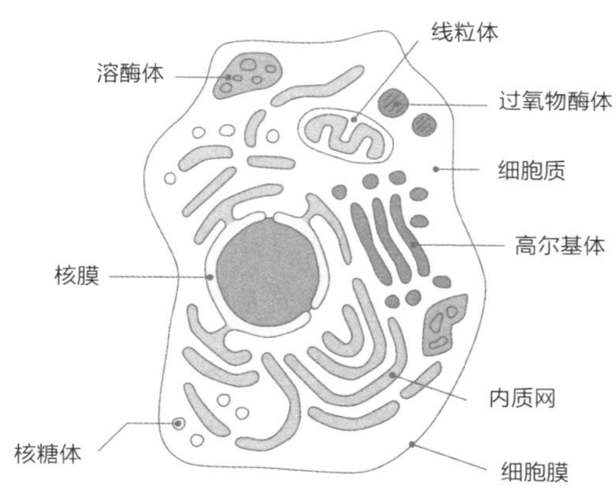

酶在水中

化学反应是从一种物质变成另一种物质的过程。正常来说需要提供热等巨大的能量才能发生反应，但对于超过60度就会变性的蛋白质构成的生物体不可能施加这样的热能。于是就需要酶。

酶由从基因翻译而来的氨基酸长链（蛋白质）构成，多次折叠之后形成了特殊的立体结构。一种酶只高效催化特定的化学反应（催化剂是指用一点能量就能引起化学反应的物质）。

因为酶发挥催化作用，因此在不允许高温高热的生物体内的环境中也能进行化学反应。

为了发挥催化作用，酶就需要蛋白质为立体结构。只有在蛋白质为特定的立体结构时，酶才能作用于特定的物质并发挥催化作用。为了使氨基酸链折叠且不能恢复原状，就需要氨基酸互相结合、正负电荷互相吸引。

只有当蛋白质存在于水中时才会发生这种变化。为了使氨基酸带电荷，需要构成该氨基酸的化合物具有在水中电离并易带电荷（易离子化）的性质，并且在水中进行离子化。用一句话来说，蛋白质只能在水中为立体结构并发挥催化作用。

大家应该知道为什么TCA循环、卡尔文循环等化学反应系统会在基质部分进行了吧。其理由是蛋白质只有在水溶液中才能作为酶发挥作用，进而产生化学反应。

酶在水中——只要记住这一点，就能理解不管是线粒体还是叶绿体，物质的化学反应系统全部在水中即在基质部分进行。不要去“死记硬背”，而是基于一个合理的原理去“理解”生命所示的现象。

与“死记硬背”不同，“理解”了之后不容易忘记，就如我现在仍然记得许多与我现在的专业没什么关系的事物。

制造能量之二：为什么电子传递链固定于膜上

蛋白质的水桶接力？

线粒体和叶绿体为双层膜结构，原本为细胞膜的膜系统的内侧具有叫嵴、类囊体的另一个膜系统，在其上存在叫作电子传递链的系统。电子传递链用于获取储存于氢原子内的电子中的能量，细胞色素a、b、c类等多个蛋白质连续埋于膜中。

接下来具体看一看线粒体的电子传递链。

氢原子可以变成具有许多能量的状态。此时，新加入的能量会存储于氢原子所携带的电子中，电子会变成比普通状态（基态）具有更多能量的状态（激发态）。

获取存储于该电子的能量的就是电子传递链。电子在三种不同的细胞色素排列所空出的间隙中传递，并在此时从激发态的电子中获取能量。就像排队的人进行水桶接力一样，电子在蛋白质之间传递。

叶绿体的类囊体膜、细菌等不具有线粒体的原核生物，也存在电子传递链且电子传递链固定于膜上。明明酶催化的化学反应在水溶液中进行，为什么电子传递链却固定在膜上呢？

电子这种“物质”

关键就在于电子传递链中电子这种“物质”需要在多个蛋白质间传递。在化学反应系统中，酶本身只有在水中才能发挥催化作用，因此该系统一定要在水中进行。

此时，进行了某化学反应后，产生的产物会漂在水中，该产物与同样漂在水中的用于催化下一个反应的酶相遇，就会发生下一个反应。因为可以同时进行多个反应，因此“在任何地方同时发生化学反应”的反应方式完全行得通。

但是在必须传递电子这种“物质”的电子传递链中，情况却大不相同。为了从激发态的电子获取能量，需要在多个细胞色素之间以特定的顺序传递电子。必须按照A→B→C这个顺序才能获取能量。以该顺序通过细胞色素链时，激发态的电子会逐渐发生变化。

e这种状态的电子穿过A变成状态a后，a状态的电子必须被B处理，被B处理过的状态b的电子必须被C处理。电子传递链必须以该顺序进行，最初来到该系统的电子必须是状态e。

将特定状态的“物质”按照某顺序进行处理时，最有效的方法是先按照该顺序固定蛋白质，然后将电子拿过来进行处理。这一过程就是电子传递链。也就是说，排列的细胞色素在进行传递电子的“水桶接力”。

这样一来大家就能轻松地理解为什么化学反应系统在基质中，而电子传递链必须在膜中进行了吧。为了使酶发挥催化作用，反应就必须在水中进行；为了按顺序传递电子这种“物质”，最有效的方法是按顺序固定特定的细胞色素。

生物的合理结构

酶要在水中、“水桶接力”要按顺序——只要理解了这一点就不用去死记硬背什么线粒体和叶绿体的膜、基质、TCA循环、电子传递链等内容。当然类囊体、叶绿体基质、线粒体基质等名字还是要记住的，但理解了这些物质之间的关联之后，自然而然地就会记住。

人最不擅长死记硬背。就像让你记住电话本上的所有号码一样，基本是不可能的，但过去的生物课本基本和电话本一模一样，仅将知识点罗列下来，而各知识点之间毫无关系和脉络可言，所以当然背不下来。

生物接受自然选择并进化了38亿年最终具有了合理的结构。因此所有的生物现象都存在于有合理性的原理之上，生物体内的物质依从于物理、化学原理的制约，才能呈现具体现象。

即生物使用其本身具有的所有选项并尽可能地采取合理的行动。

这肯定全背不下来
……
生物课本

Part 2

想与人分享的生物故事

植物为什么是绿色的

光合作用的两个过程

具有叶绿体的植物能自己制造葡萄糖，合成葡萄糖就需要用到能量，能实现这一过程的细胞器就是叶绿体。叶绿体能将光能转化为葡萄糖。这个反应叫作光合作用。

光合作用分两个过程：一个是光化学反应，另一个是卡尔文循环。

光化学反应使用光能将电子变为激发态，并获取该能量来制造合成葡萄糖所需的能量。

叶绿体首先用叶绿素这种色素捕捉太阳光等光能。光照射叶绿素后，水分解得到的氢携带的电子会变为激发态。该过程中水（H_2O）被分解，氢被析出，剩下的氧（O_2）被排出。

接下来使用电子传递链（即电子在固定于膜上的多个蛋白质间传递来获取电子具有的能量）从得到的氢电子中获取能量。这里的电子传递链和线粒体的电子传递链基本相同。

获取的能量保存于ATP并可以从中取出。因为光化学反应包含电子传递链，所以该过程在叶绿体的内侧膜（类囊体）的部分进行。如上所述，电子传递链需要在多种细胞色素的蛋白质之间按顺序传递电子，因此以固定于膜的方式进行反应效率会更高。

叶绿素吸收太阳光

光合作用中另一个发挥重要作用的是卡尔文循环，卡尔文循环是从空气中的二氧化碳获得碳，然后使用光化学反应所形成的ATP，使其合成为葡萄糖——将某物质变成其他物质的化学反应系统。因为是化学反应系统，因此需要使用酶，并且该反应在叶绿体的外膜和内膜之间的水溶液部分（叶绿体基质）进行。

叶绿体通过这两个过程从二氧化碳和光能合成葡萄糖。世界上几乎所有生物都通过光合作用吸取生物世界的能量而生存下去，因此光合作用对于生物界来说是不可或缺的。

除植物能吸取外界能量并生产葡萄糖之外，只有小部分细菌能利用热能等进行化学合成来生产葡萄糖。

叶绿素通过吸收太阳光来利用光能。太阳光无色，但光有波长，人的肉眼能看到的光大约为360～830nm（纳米）。用光照射棱镜后光折射成七种颜色，这是因为白光中，光的波长不同折射率也就不同，从而会发生分光。

七种颜色波长从短到长分别是紫、蓝、青、绿、黄、橙、红。虽然实际上光的波长是连续的，但光看起来就像彩虹的七种颜色一样。叶绿素在获取能量时使用的是哪种颜色的光呢？

反射的是什么颜色的光？

下页图6是叶绿素的光吸收曲线。曲线中有两个高峰，表示该波长的光被吸收。该光吸收曲线经常在考试中出现，因此应该有很多人拼命去背吧。当然我曾经也是这样，但稍微思考一下就会发现其中的道理。

从图6可以看出青（435～480nm左右）和红

（610～750nm左右）是吸收的高峰。那么没被吸收（即被反射）的光是什么颜色呢？没错，是绿色。那么植物为什么是绿色呢？正是因为绿色的光没有被叶绿素利用而是被反射了。

◆ 图6

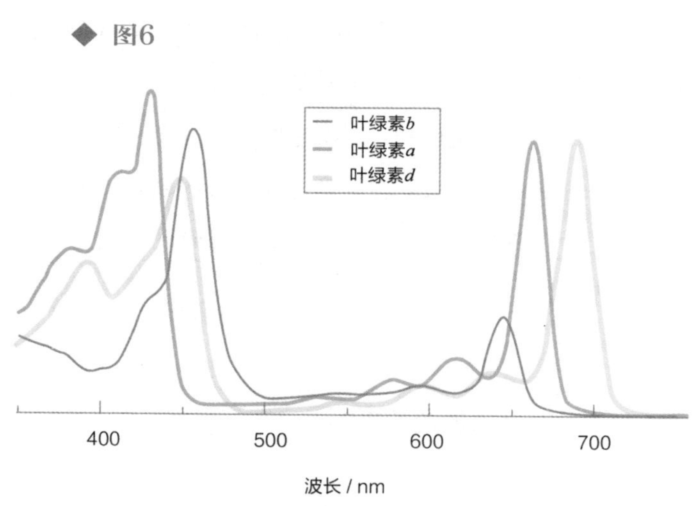

某物呈现某种颜色是因为该颜色被反射。知道这一点的话就能猜到叶绿素的光吸收的高峰是青和红。实际上也是如此。当然具体的波长必须要记住，但知道了彩虹的七色和光的波长的关系的话，也能大概掌握波长的范围。如果考试出现“叶绿素a的光吸收的高峰是下述的哪一个”这样的选择题的话，应该能选出正确答案了吧。

青蛙的卵是黑色的理由

能吸收所有波长的物质因不反射肉眼可见范围内的光，所以呈黑色。大家应该都知道黑色物质受到太阳光照射后容易变热吧？

这是因为该物质能吸收所有波长的能量。青蛙的卵大多数为黑色，是因为初春时水温较低，为了保温并且使卵快速成长而尽可能地吸收太阳光。产于石头背面的青蛙的卵不用吸收日光，因此卵的颜色为偏白的黄色。所有事物几乎都在遵循着一定的道理。

面对复杂繁多的知识，我们就要按某个理论一层一层地进行整理，然后去理解。知晓事物的原理不是无效学习，而是通过弄明白各个事物之间的脉络以便更深刻地记忆。大家要明白“欲速则不达”。

细胞间的合作

复制时发生错误

早期生命应该是磷脂双层膜的小袋子里含有催化自我复制的RNA构成的物质。这是单细胞的自我复制系统，在遗传、变异、选择时自动发生进化。

自我复制也就是遗传。复制碱基序列时一定会发生错误、产生变异。制造出与自己消费相同资源的竞争对手，带来的是生存竞争和选择。早期生命是进行适应性进化的实体。

单细胞生物长期以单细胞的形态持续进化。遗传物质置换为稳定性更高的DNA，而更柔软、多样性更高、更适合作酶的蛋白质则变成了酶。

后来出现了各种各样的细胞器，维持生命所需的各种工作分别由各个小器官负责。各个小器官的专业化更利于实现细胞整体的代谢高效率。

DNA一开始就像现在的细菌一样漂在细胞中，随着细胞功能变得复杂以及遗传信息不断增加，最后DNA被关在了核膜的小球中。

真核生物中，DNA被发挥线轴作用的蛋白质缠住，平时以缩成很小的状态（染色体）保管。这是为了降低很长的DNA互相缠绕或断开的风险。

多细胞生物的诞生

后来，细胞将叶绿体、线粒体这一另外的生物吸入体内，从而引起了能量生产上的革命性变化。所有的细胞均具有线粒体，因此推测细胞先和线粒体合体，然后仅植物细胞获得了叶绿体。

这样一来，逐渐出现了现在生物界所见的单细胞生物。在自然选择的压力之下，单细胞生物逐渐完成了细胞器分工系统这一复杂化结构。但一个细胞能做的事情是有界限的。

于是发生了革命性变化。为了跨越界限，多个细胞开始互相合作，这就是多细胞生物的诞生。

单细胞生物为了在竞争中获胜并生存下去，而实现了提高自我效率的复杂化。但单细胞不管变得多复杂，能做的事情还是有限的。

但当时世界上只有单细胞生物，所以还存在更广阔的适合更复杂的生物生存的环境。超越单细胞的界限就会发现更广阔的新天地。

团藻属

最初的多细胞生物应该是由多个单细胞生物联结而成。现在也存在这样的生物。团藻属这种浮游植物是由单位细胞联结起来变成的球状生物。团藻属中，形成子代的细胞和身体细胞已经分化，但它的伙伴实球藻属中，每个细胞会在细胞中形成子代，子代排出体外变成新的实球藻属。实球藻属中，各单位细胞均相同，其作用也基本相同。请看图7。

像这样仅集合在一起也是有好处的。比如，浮游动物会吃浮游植物，但当多个细胞合体之后，其大小比浮游动物的嘴大，可以防止被吃掉。

如果细胞内容物的体积过大的话，膜会因无法承重而破裂，就像气球太大就会破裂一样，一个细胞不能变得太大，因此无法完全避免被吃掉的危险。

◆ 图7

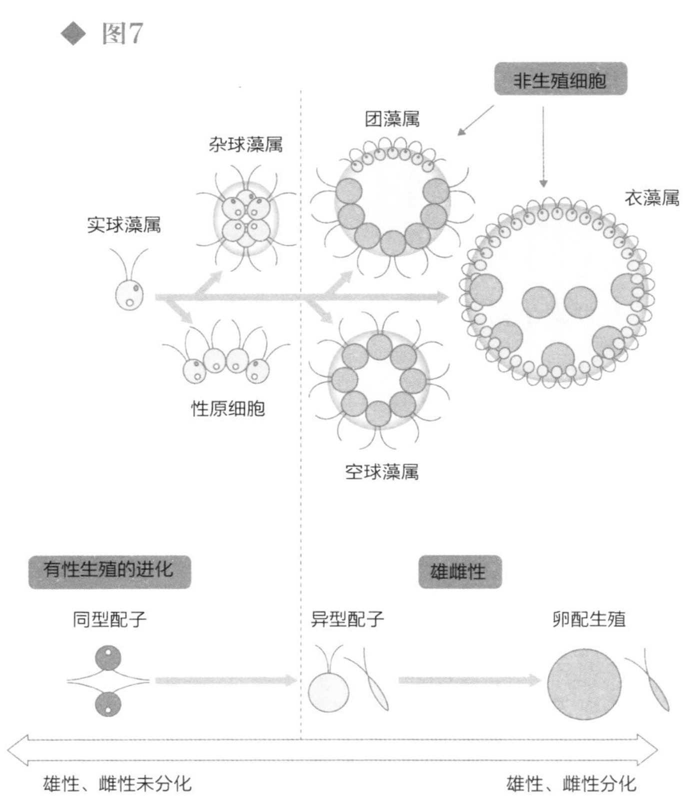

这就需要通过细胞间合作来实现。个体合作时，如何调整个体和整体之间的利弊十分重要。就算整体获利，但若在个体层面，合作相比不合作坏处更大的话，那么不合作更有利，因此合作进化不会产生。

细胞和线粒体来自不同的生物，二者通过共存来分别获利。但还是发生了核基因组为了支配线粒体，而将线粒体基因的一部分转移到核基因组的进化。

我们这里先说多细胞生物的变化，至于如何解决利害的对立问题，后面再讲。

多细胞生物的进化

多细胞生物一开始像实球藻属一样，由毫无差别的细胞单纯地聚集在一起，后来每个细胞逐渐开始发挥独特的功能，有的细胞变成了嘴，有的细胞变成了消化器官。现在的大部分多细胞生物都会进行细胞间分工。为实现该分工，需要满足几个重要条件，关于这一点请参见后述。

不管怎样，多细胞生物通过细胞分工，进化成了单细胞生物所不可能实现的各种姿态。通过进行细胞间分工，巨大的多细胞生物能适应单细胞生物所不能进出的各种环境。最初只生活在水中的生物逐渐来到陆地，最后还出现了鸟类生物。

生物逐渐变得多样化。但现在尚未出现能在真空中生存的生物，因此生物的生存区域仅限于地球。人类征服宇宙完成新的进化不过是科幻小说中的桥段，对于现在的人类来说还是个梦想。

多细胞生物进行细胞间分工并不断实现多样化，其实这一点和单细胞生物的进化很相似。最初的单细胞生物的结构很简单，后来逐渐开始使用DNA、蛋白质，并且使细胞器进化，最终实现了复杂的细胞内分工体制。

也就是说，多细胞生物通过细胞间分工使自己的结构变得复杂，进而可以进出各种可生存场所，这一理论与单细胞的进化十分相似。

生物会在确保了个体利益的前提下，尽量采取分工体制并向更加有利的方向进化。这是贯通生物界的原理，从结果来看，最终出现了细胞小器官进行分工的多细胞生物。

多细胞生物的出现给生物界带来了飞跃性的变化，那么更深一个层次的飞跃是什么呢？没错，就是多细胞生物的多个个体间的合作。

蜂为什么会合作

社会性昆虫的故事

单细胞生物中细胞和线粒体、叶绿体进行合作，多细胞生物中细胞间进行合作。与之类似的现象，我们还能列举出某种动物进行集体生活并会合作的例子。

蚂蚁、蜂和白蚁等“社会性昆虫”较为常见。它们的社会由负责产卵的蜂后、蚁后（白蚁也有蚁王）和负责其他工作的工蜂、工蚁构成。就像多细胞生物的细胞间分工一样，它们个体间也进行分工。像这样形成社会的集体叫作“群体”。

群体是生产并抚育下一代群体的新蚁后、雌蚁的单位，群体之间可以进行竞争。我把这种能相互作用的实体叫作功能单位，社会性昆虫的群体是超越个体层面的功能单位。

从进化的角度来看，多个个体合作时存在一个问题。每个个体都是具有DNA并能进行自我复制的功能单位，因此每个个体接受自然选择并使自己的增殖效率最大化。核基因组和线粒体的例子也是如此，为了使合作进化，需要合作时自己的基因增殖率比不合作时高。如果没有利，则合作就不会进化。

令人震惊的研究结果

但是当进行合作时，大多数情况下我们并不清楚合作的个体（细胞）是否比不合作的个体（细胞）更有利。这是因为表现出合作的种类中，不进行合作而是单独生活的个体已经基本不存在了。

就拿细胞来说，其他条件相同而不具有线粒体的细胞是不存在的，因此无法判断每个细胞是否都获利。这一点成为验证合作进化时的障碍，长期以来一直没有找到是否因个体获利而合作才得以进化的答案。

最近一项使用了个体很小的蜂进行的研究找到了答案。淡脉隧蜂这种个体很小的蜂收集花粉制成团子来养育幼虫。蜂后和工蜂在形态上没有差异，一只度过冬天的雌蜂在初春筑巢，在初夏养育第一批幼蜂。该幼蜂在夏天到秋天成为成虫，雌蜂在此时开始养育第二代幼蜂，并且多个个体间会进行合作。

但是调查过第二代的巢之后我们发现，7～8个群体中只有约1个群体，每只雌蜂单独有育儿巢。比较该单个雌蜂筑巢和多个雌蜂共同筑巢之后，我们无法得知多个雌蜂筑巢的个体是否比单个雌蜂筑巢的个体获利更多。我和我研究室的研究生八木议大共同开始了关于该蜂的调查。

我们发现该蜂会在土中挖10厘米左右的竖坑道（巢），然后在周围制作几个小拇指尖大小的小房间，把花粉团子塞入其中后开始产卵并把盖子关上。幼虫吃花粉团子长大。我们在第二代大约变成蛹时把巢挖出，调查了每个巢分别有几个巢房，其中分别有几个蛹。

因为蜂的成长顺序是卵到幼虫再到蛹，因此只要有蛹的话就表示卵得以成长，而巢房为空的话就表示卵已死亡。

聚集在一起的话子代得以存活

结果十分令人震惊。多个雌蜂共同筑的巢中有90%

的蜂房中都有蛹，一只雌蜂筑的巢中，有蛹的蜂房仅有10%。

也就是说，多个雌蜂共同育儿的巢中幼虫的存活率非常高。子代存活率高，表示多个雌蜂共同育儿的巢中的一个雌蜂，比单独育儿的雌蜂个体能存留更多子代。也就是说合作确实对个体来说更有利。

为什么会这样呢？关键就在于蜂如何保护幼虫。在之后的研究中我们进行了一个简单模拟，蜂可以自由进入巢且不受其他蜂的影响，当有捕食者入侵时，只要有蜂的话幼虫就被保护。

结果是我们发现当提高捕食者的入侵率时，多个雌蜂共同筑巢的幼虫存活率如下：二只雌蜂的话存活率高于二倍；三只雌蜂的话存活率高于三倍。也就是说，就算蜂之间完全不合作，只要多个雌蜂利用一个巢就会变得有利。

在实际的观察中我们发现，有多个雌蜂的巢中，雌蜂会按顺序进入巢中以尽量保证不会出现空巢的情况，而单独的巢中，雌蜂在捕食者蚂蚁的活动变弱的傍晚之后才从巢中出来。

这明确表示了淡脉隧蜂的合作进化的理由是，通过形成一个集体来提高防御捕食者的效率，从而增加个体的利益。

防御捕食者是合作进化中一个重要的因素。上文提到的团藻属的例子也是集合在一起就不会被吃掉，因此存活率从接近0的状态大幅提高。

单独存在时的存活率越接近0，合作收益越高，仅提高一点存活率就会获得二倍、三倍或更大的利益。也就是说集合一定数量之后每个个体比单独存在时获得的利益要大得多。

就拿人这种动物来说，也许正是因为形成了集体所以才提高了捕食率。人的祖先猴子的战斗力并不强，一只猴子应该无法抵抗大型的肉食动物。

但形成了集体之后情况就不一样了，大家通力合作就可以捕获大型猎物，也更容易和捕食者进行对抗。如果一个人与捕食者进行战斗并且获胜的可能性基本为0的话，那么合作之后只要提高了一点获胜率，就比不合作时每个人得到的利益多。

当然这只是一个假说，就像如上所述的蜂一样，几个生物合作就能有效避免被捕食。人人为我，我为人人——对于生物合作来说只有后半句比较适用。

器官的形成

兵蚁也有许多种类

与每个细胞、个体不进行合作相比，如果多个细胞、多个个体进行合作的情况下不会获利，那合作就不会进化。但是，一旦合作能够进化的话，就会出现更高层次的合作，即细胞、个体间产生分工。

实球藻属、淡脉隧蜂中，合作的个体的价值基本相等，几乎找不到特殊化的个体。这就是原始的合作。大虎头蜂、蜜蜂和蚂蚁等能在形态上区别蜂后（蚁后）和工蜂（工蚁），并且几乎所有的卵都是由蜂后（蚁后）生产。蜂后（蚁后）和工蜂（工蚁）间就有分工。

几种蚂蚁里，工蚁中也有兵蚁等多个种类，甚至还有更复杂的分工。也许蜂是受到了“必须飞”这种形态的限制，虽然我们还不知道包含不同形态的多个工蜂的种类，但它们的行动模式不同，作为一个组织产生了分工。

这种分工也见于多细胞生物。实球藻属中好像不存在细胞间分工，但人体细胞间的分工十分明确。形成我们身体的细胞分化成各种器官，有的细胞构成了眼睛，有的细胞构成了脚，有的细胞构成了大脑。

有了这样的器官分化，才使得多细胞生物的个体可以进出过去生物所不能居住、尚未开拓的各种生存场所。蚂蚁、蜂的多个种类的分工，也可以比作器官分化，这种分工拓宽了生物的适应范围。

为什么只有动物有心脏

人类的内脏各有独特的功能，比如心脏是血液循环的原动力；肺能呼吸空气；肾脏能排出血液中的代谢物、肝脏能分解有害物质等。这种复杂的系统能提高保持体内状态为固定状态的恒常性。生物因此得以对抗外界条件的变动，在与过去不同的环境中也能生存下去。这也是一种适应性进化，因此可以说，器官分化也是因为一定的理由才得以进化的。

心脏是多细胞生物出现之后才出现的，单细胞生物没有心脏。单细胞生物的体内物质的循环，由原生质流动等缓慢的流动或内质网、高尔基体等物质运输相关细胞器来实现，这是极小的细胞中才能采用的方法。

在更大的多细胞植物或动物中则不能使用这种悠闲的方法。植物利用细胞间的渗透压使物质来往于身体的各个角落；而使用肌肉组织进行运动的动物让心脏这种特殊的泵进化，并使血液强制循环。

只有动物具有心脏，是因为需要迅速运动的动物必须要给身体所有的肌肉供给能量，因此需要给身体的各个部位“迅速”供氧。

当然多个器官之间会相互合作。接下来我们看一下心脏、肺以及血管系统的工作。动物用腮或肺等呼吸器官从外界获取体内所需的氧气并存储于血球（人体内是红血球）。然后氧气随着心脏制造的血流运到身体的各个角落。在体内的末端排出氧气的血球会和排放的二氧化碳结合，并再次随着血流运到肺，因此必须用另外的血管系统使其回到肺中。

新鲜的血液和污染的血液

血管系统有从心脏向身体末端的系统（动脉）和从末端返回心脏的系统（静脉）。也就是说动脉和静脉的边界是心脏。另外返回的血液需要在肺里再次变成富含氧气的状态，因此该系统中必须有肺。

肺需要进行将从末端运来的二氧化碳置换成氧气这一项作业。于是血管会变得非常细，并且和由薄膜构成的气泡状的肺进行气体交换。这就需要非常大的压力。于是从身体末端返回的血液会先回到心脏中，然后由肺动脉给污染的血液加压。

另外，因为在肺中血管变细，因此聚集了新鲜血液的肺静脉中血液的压力变低，在此状态下无法将血液搬送至身体末端。于是肺静脉的血液会回到心脏并从此流向身体的末端。

因为起点有两个所以大家容易混乱，但只要记住以下几点就不会记混。从心脏伸出的血管叫动脉，进入心脏的血管叫静脉，从肺流出的血液富含氧气是新鲜血液，进入肺的血液是被污染的血液。肺静脉从肺伸出并进入心脏，因此叫静脉。新鲜的血液、从末端返回的静脉会先进入心脏，再作为肺动脉从心脏流出并进入肺，因此肺动脉虽然是动脉，但流动的是污染的血液。

看起来复杂的现象其实……

器官的分化和每个器官负责不同的工作也有合理的理由。器官的种类非常多，我们必须要记住每个器官的作用。我们可将器官进行分类理解和记忆：循环系统（心脏、血管）、呼吸系统（肺）、消化系统（胃、肠）、解毒系统（肝脏、肾脏）。然后再将功能相似的器官和细胞器进行比较记忆（比如内质网和血管）。

虽然细胞和多细胞的个体看起来完全不同，但从使细胞器和器官分别负责各种必要的功能并提高整体的效率和稳定性这一点来看，二者具有共性。越是看起来复杂的现象，越要按一定规律进行分层次整理。

可能有人说自己不会学习、不聪明，但我觉得大多数情况下不会学习是因为不会整理。只叹息却不行动不会解决任何问题。

只要知道如何去整理，就能系统地掌握生物学的知识。

你想变成哪个器官

进化中的竞争

细胞的内部、多细胞生物的体内或个体集合而成的群体的内部中分化出负责各功能的器官，并提高了整体的效率和稳定性。

进化以具有遗传和变异的实体为单位发生。拿生物来说，每个个体都具有自己的DNA，因此只要存在多个个体，就会存在哪个DNA的复制效率更高的竞争，以个体（DNA）为单位的自然选择发挥作用从而发生进化。

进化中的竞争概念稍微不同，进化中的竞争不是要打败对方。谁的复制效率高谁自然就增多，进而集体中只存在该类型。这是必然会发生的，与是否有竞争意识无关。

在人们对于达尔文的进化论的初期批判中，有人认为："从全球来看，生物之间完全没有竞争，你说竞争在哪里呢？"这一观点当然是错的。假设给这两人完全相同的食物，使这两个人之间没有食物竞争。虽然表面上看没有竞争，但他们单位时间消耗的热量不同，因此即使给两人相同的食物，但对能量消费率高的人来说也是不利的。这就是生物的竞争。

你想变成身体的哪个部分

生物竞争的输赢在于遗传物质的复制效率的差距，这里需要注意器官分化的进化。除一部分细胞器之外，多细胞生物的器官和构成群体的个体分别是具有遗传物质的自我复制单位，其间存在竞争。

细胞器中的核基因组、线粒体、叶绿体也分别具有自己的基因组，其间存在着利害关系，从结果来看，线粒体的一部分基因向核基因组移动。

每个构成要素（细胞、个体）分别具有自己的DNA且互为竞争关系，那什么时候才可能合作呢？

这里尽量简洁地解释一下。把许多人聚集在一起并问他们："现在我需要用你们形成一个男人的身体，大家都想成为哪个部分？"我们在实际验证时，发现最多的答案是"大脑""眼睛""手"等。

那么大家想成为哪个部分呢？

拿我自己来说，我只想当"睾丸"。没错，我只想当"睾丸"，这是为什么呢？

请大家想一想下一代是如何形成的。受精卵由卵子和精子结合而成。受精卵会变成下一代的人的个体，因此只有成为卵子或精子的细胞，遗传物质才会传给下一代。男性是睾丸的精原细胞，女性是卵巢的卵原细胞。

不管大脑多么有智慧，不管眼睛能看见多么漂亮的景色，不管手能创造出多么完美的作品，这些器官的细胞都不可能传递到下一代，可能性完全为零。

形成睾丸、大脑和眼睛的细胞均相同

当许多"人"共同形成一个人的身体时，成为大脑、眼睛和手的"人"会在自我DNA的复制竞争中完败。只有成为睾丸、卵巢的"人"才能留下后代。但如果大家都想当睾丸的话（因为不当睾丸就不会留下后代）就无法分工并形成人的身体了。如果不留下后代只进行合作——从原理上来说，这在具有自己的DNA的细胞间是不可能的，那为什么分工得以进化了呢？这是个大问题。

这里说的“人”相当于器官分化时的细胞。从原理上来看，当细胞分化成器官时会发生与上述相同的竞争，尽管如此，多细胞生物、集合性生物的群体内部会发生器官分化。那么什么情况下如上情况才能成为可能呢？关键就在于“把和自己相同的基因传给后代”究竟是什么意思。

基因指的是DNA（有时是RNA）上特定的碱基序列。如果DNA(或RNA)复制并传递给后代，后代会具有相同的序列。为了让后代拥有和自己相同序列的DNA，首先需要复制自己的碱基序列然后传递给下一代。也就是说形成精子或卵子然后传给受精卵，大部分生物都采用这种方式。

但是除多细胞生物的生殖器官之外的细胞、不产卵的社会性昆虫的工蜂（工蚁）等生物，是如何将自己基因的碱基序列传给后代的呢？

多细胞生物中以人为例进行说明。我们的身体是如何形成的呢？没错，体内由卵子和精子结合而成的受精卵分裂变成许多细胞，这些细胞分化成各种器官。也就是说，多细胞生物的身体原本仅来自一个细胞。

也即形成多细胞生物的身体的所有细胞基本都具有相同的遗传信息。不管是卵巢、睾丸、大脑、眼睛还是手，形成这些部位的细胞都是相同的。如果将基因传给下一代的卵巢、睾丸细胞具有和其他器官相同的遗传信息的话，那么生殖细胞也会将其他器官的细胞中的遗传信息传给下一代。

亲子间的亲缘度为0.5

也就是说不管是谁将遗传物质传给下一代，对所有的细胞来说都是一样的。多细胞生物通过克隆所有体细胞来消除细胞间竞争并使其进行分工。不采用这种方法的话，细胞间分工也不会进化。

当进行合作的多个细胞或个体分别具有自己的遗传信息时，就会产生竞争，因此从原理上来说，只有特定的细胞或个体才能留给下一代的这种分工无法进化。通过使用克隆细胞进行合作，多细胞生物才成功地从这条小路上逃出来。

多细胞生物中，分别克隆每个细胞从而跨越合作的进化带来的困难，进而成功进化了分工体制。那么由分别独立的个体构成的社会性昆虫的合作究竟是如何成立的呢？

动物世界中繁殖所涉及的分工伴随的社会性（真社会性）进化了十几次，其中大部分是具有单倍二倍体这种特殊的性别决定机制的动物发生了进化。通常的生物体内具备来自母亲和父亲的两组基因组，而单倍二倍体生物中，具有两组基因组的二倍体个体变成雌性，只有一组基因组的未受精卵发育的是雄性。

不管是雄性还是雌性的二倍体生物（包含人）都会将自己拥有的两组基因中的一组传给子代。将自己具有的基因传递给子代的程度叫作亲缘度，此时亲子间的亲缘度为0.5。

那么兄弟、姐妹间的亲缘度如何呢？你自己以及你的兄弟姐妹都是二倍体。每个人所具有的两组基因中，一半（0.5）有50%的概率是母亲所具有的两组基因中的一组，剩余的一半（0.5）也有50%的概率是来自父亲的基因的其中一组。

因此，兄弟姐妹之间有相同的基因的程度是0.5×0.5＋0.5×0.5＝0.5。也就是说，二倍体生物中亲子的亲缘度和兄弟姐妹间的亲缘度均为0.5。

养育妹妹会获利？

单倍二倍体生物有如下不同。虽然亲子间的亲缘度和二倍体生物都是0.5，但女儿和妹妹、弟弟之间的亲缘度却不是0.5。当只有一个父亲时，因为雄性是单倍体，所以父亲只有一组基因组。因此所有的子代都具有来自父亲的相同的基因组。

因此女儿的两个基因中，一个肯定是来自父亲的相同的基因组。另一半（0.5）是母亲的两个基因组中的一个，因此从某个女儿的角度来看，妹妹来自母亲的和自己相同的基因的概率是0.5×0.5＝0.25。因此，妹妹具有和自己相同基因的程度（亲缘度）是0.5＋0.25＝0.75。

相反，弟弟则不获取父亲的任何基因，只具有母亲的一半基因，因此亲缘度是0＋0.25＝0.25。

单倍二倍体生物的亲缘度不均衡，因此从某个女儿的角度来看，与生自己的孩子（亲缘度0.5）相比，养育一个妹妹（亲缘度0.75）能以更高概率使和自己相同的基因传给后代。

也就是说，将自己生育孩子变成养育一母同胞的妹妹，就能获得更多利益。单倍二倍体生物不生育自己的孩子，而是养育母亲生的孩子这种真社会性反复得以进化，是因为仅将育儿行动的对象从自己的孩子改成妹妹就能获利。

养育亲缘者对自己的遗传有利的这种选择叫作亲缘选择。单倍二倍体生物蜂、蚂蚁中，如果有社会性的话，那么可以解释为所有雌性都是蜂后（蚁后），它们的社会进化是亲缘选择的结果，从而使工蜂（工蚁）的遗传获利得以最大化。

那么亲缘选择和每个个体为避免被捕食而形成集体从而从中获利，这二者之间是什么关系呢？为了解释这一点，我们先看一下二倍体生物。

二倍体生物中，孩子和兄弟姐妹的亲缘度均为0.5，不存在像单倍二倍体一样养育妹妹来获利的关系。因此要停止养育自己的孩子并且和其他人合作可以获利，就需要形成集体，来使集体整体的效率比个体单独的效率要高。

举例来说，当两个人行动时，集体整体的生产率必须是一个人活动时的生产率的“两倍以上”，这样每个个体的平均获利才能比单独活动时的获利要多。用一句话来总结就是，二倍体生物中集体整体的效率的提高是合作进化的必要条件。

没有亲缘关系也能获利?

像淡脉隧蜂一样，两只淡脉隧蜂行动时子代的存活率是一只淡脉隧蜂行动时的数倍的话，合作确实会获利。此时，养育的对象与是否有亲缘关系无关。就算完全没有亲缘关系合作也能获利。当然和完全没有亲缘关系的个体合作时最少也要生自己的孩子，因为不生孩子的话自己的基因绝对不会传递给后代。

这样一来，和亲缘者进行合作时，加上群形成的效果，来自亲缘者且和自己所拥有的基因相同的基因传递给后代能提高整体的效率。理由是就算自己不生孩子，而是为提高群体的效率而做贡献，自己也有可能获利。蚂蚁等在工蚁内分化出兵蚁的生物，就是通过这种机制不断进化的。

另外，像单倍二倍体生物一样，自己的孩子和妹妹之间有亲缘度差异时，只要将育儿行动的对象改成妹妹就能使自己遗传获利增加（0.75 VS 0.5），因此即使形成集体会导致整体的生产率下降，但遗传获利的增加也能弥补生产率的下降。

进化生物学的一大目的

通过改变行动对象就会从遗传上获利，因此能弥补整体的生产率的下降。

也就是说，单倍二倍体生物的合作，集体整体的效率上升不是绝对必要的条件，因而能比二倍体更容易使合作进化。实际上的生物合作也常见于单倍二倍体生物。

如上所述，我们讲了生物为了实现细胞、个体间的分工而面临着什么样的问题，又是通过什么样的机制解决这些问题的。以“和自己相同的基因有多少会传递给后代”这一尺度为基准，就能用一个理论“理解”生物所示的合作现象。

我的专业——进化生物学的一大目标，就是以此为轴心理解生物所示的各种现象，但“遗传获利的最大化”这一原理不仅是行动或生存方式，更是贯通生物所示的所有现象的基本原理。

超个体的诞生：集体的高效化

什么是超个体

个体之间进行合作的社会性生物中，会出现比个体更大的群体这种功能单位。群体之间会互相竞争，输掉的群体衰退，因此群体整体的表型是逐渐进化为擅长竞争。

比如具有普通工蚁和兵蚁的蚂蚁中，兵蚁的比例这一问题不是个体层面而是群体层面的性质。如果群体中有20%兵蚁时整体存活率最高的话，那么该群体层面的性质会出现选择性进化。当然可以通过选择性养育幼虫来实现该比例，但该行动由特定的基因型支配，因此也可以从个体选择、基因选择的角度来看该现象。

但只有从选择群体层面的表型这一事实来看才能理解为什么是有利的。生物学的目的是理解生物所示的现象，因此只停留在基因层面是无法理解各种现象发生的原因的。

要想深层次理解生物，就不能把进化现象仅还原为基因的增减。不管怎么样，超越个体的群体层面所表现出的表型是选择的对象，同时其效率也被提高。群体是超越个体的功能单位，即“超个体”。

胡蜂筑巢

接下来，我们看几个实现了超个体层面效率最优化的例子。某种胡蜂在筑巢时需要两种工蜂，一种是负责采集巢的材料植物纤维（浆）的工蜂（搬运工），另一种是负责在巢上接受筑巢材料并建巢的工蜂（建筑工）。

能采到多少浆是不固定的，因此搬运回来的浆的量时刻都在变化。建设者在巢的入口等待浆搬运回来，然后接受材料再搬到建筑现场并开始作业。此时，为了使工作顺畅进行，就需要使流入的浆的量和使用于建设的浆的量均衡。

如果是人的话，可以设置监督者监控流入量和作业量，通过发出指令就能控制作业流程（丰田汽车公司设计的使库存量最少的控制系统非常有名）。但蜂的大脑没有人类发达，因此不可能通过中枢进行控制。尽管如此，蜂还是实现了最优作业流程。

是如何做到的呢？当作业顺畅进行时，带着浆回来的蜂（搬运工）把货物“马上”交给完成作业并赶来的蜂（建筑工）。这种情况下搬运工和建筑工在交接货物时基本都不用等待。

但是，当其中一方的蜂变多时等待时间就会变长。如果浆不好采的话，那么搬运工返回的时间就会变长，在入口等待浆的建筑工等待的时间也变长。如果建筑工过少的话，搬运工则需要等待很长时间才能交接货物。这是工作效率不高的信号。

但实际上，蜂在等待时间过长时会选择改变自己的行动。当建筑工等待时间过长时会停止建筑作业而去采浆。相反，当搬运工搬运浆回来并等待了很长时间的话则会开始建筑作业。

像这样，每个个体通过采取使“等待时间”这一信号最小化的行动从而实现了整体的作业效率的最优化。

此时不需要掌握整体情况的个体，只需要每个个体对自己所面临的“等待时间”这一局部刺激做出反应并改变行动即可。从结果来看实现了整体的效率最大化。

蚂蚁的决策机制

从其他层面也能看到类似的情况。佐村悍蚁会偷袭其他蚂蚁的巢并夺取其中的蛹。此时侦查蚁会确定要偷袭的巢的位置，并释放信息素引导队伍。但是，当侦查个体迷路时，队伍整体将停止前进，然后后方的个体开始逐渐返回原处，最终整体全部返回原来的巢。

队伍中每个个体经常会改变方向，不是所有个体都一直朝着一个方向前进。那么没有掌握全局的个体，是如何做到整体采取合理的行动的呢？

佐村悍蚁通过如下方法进行决策：

1. 追踪信息素；

2. 与某个数量的个体相遇则反向；

3. 某段时间自己没有与任何个体相遇则改变方向。

使用以上三个简单的规则进行模拟后我们发现，当释放信息素并引导队伍的侦查蚁停止行动时，经过一定时间后，整体会向返巢方向移动。虽然蚂蚁仅对局部信息做出反应并进行简单的决策，但作为整体来说成功地采取了合理的行动。

智商不高的生物们通过个体对局部信息做出反应，从而作为整体采取合理的行动。像这样没有中枢个体的组织通过从个体的简单行动产生高级的行动模式，叫作“自组织”。

这种机制使没有高智商的昆虫等集体成为超个体，并使整体采取合理的行动。

没有智慧的细胞也能创造组织吗

动物的卵的发生

蚂蚁等群体中，虽然个体没有高判断力，但其通过对所面临的情况反射性地采取行动，从而使整体采取合理的行动。但是每个个体都有大脑，在一定程度上也是可以进行学习和感知的。

另一方面，多细胞生物的器官分化中，为了使自己能成为器官，每个细胞尽量进行移动或分化，最终形成了复杂的组织。这些细胞又没有大脑更没有神经，那么它们是如何实现整体采取合体的行动的呢？

以动物的卵的发生为例，最初一个细胞会变成两个、四个……不断分裂进行增殖。这一现象叫作“卵裂”，海胆等生物在进行卵裂时分裂出球的大小相同，即为二等分、四等分，因此叫作“均等卵裂”。

青蛙卵的卵裂速度很快，因此上半圆很细，下半圆很粗，即为不均等卵裂。昆虫的卵中只有表面进行分裂，内部不分裂，因此叫作表面卵裂，鸟类、爬行动物的卵中只有极少的盘状部分发生卵裂，因此叫作盘状卵裂。请看图8。

卵黄的作用

卵成长需要养分，而养分集中于卵黄中。

海胆的卵黄虽然少，但分布均匀；青蛙的卵黄大多分布于下方；鸟类、爬行动物的卵基本全是卵黄，但细胞中只有一部分能受精。昆虫的卵在中心有一个巨大的卵黄。

也就是说，为了使卵黄的部分不易分裂而没有卵黄的部分快速进行细胞分裂，则采用前文所说的卵裂方式。

另外，卵黄随着动物的进化而变大并且局部化，哺乳类会再次进行均等卵裂。当然这也是有理由的。像鸟类这样的生物只在卵中进行卵的分裂，因此子代越大需要的卵黄就越大。

◆ 图8

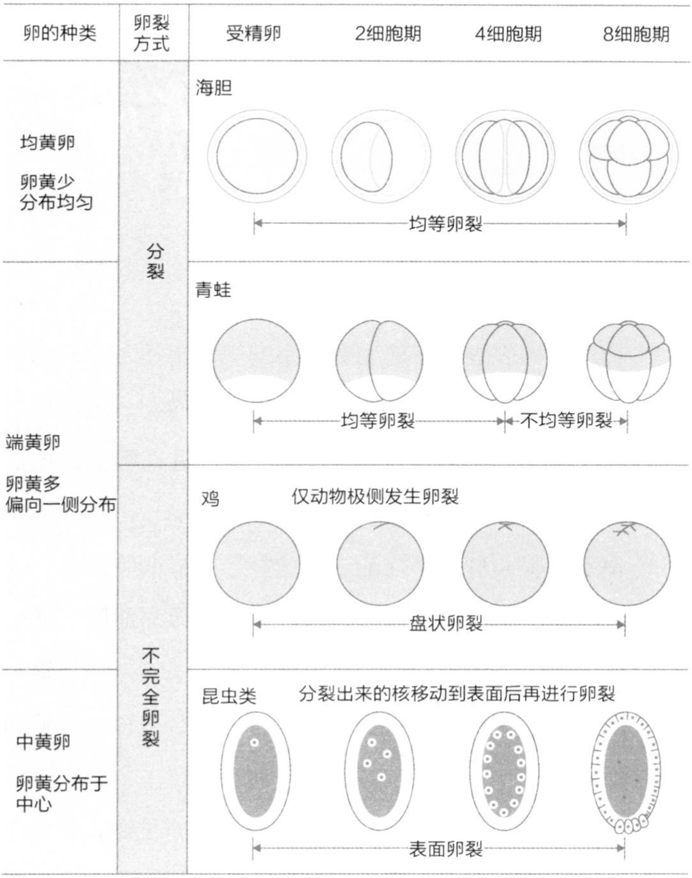

卵的种类	卵裂方式	受精卵	2细胞期	4细胞期	8细胞期
均黄卵 卵黄少 分布均匀	分裂	海胆 均等卵裂			
端黄卵 卵黄多 偏向一侧分布	分裂	青蛙 均等卵裂 (受精卵—4细胞期) 不均等卵裂 (4细胞期—8细胞期)			
端黄卵 卵黄多 偏向一侧分布	不完全卵裂	鸡　仅动物极侧发生卵裂 盘状卵裂			
中黄卵 卵黄分布于中心	不完全卵裂	昆虫类　分裂出来的核移动到表面后再进行卵裂 表面卵裂			

※本图中的表面卵裂没有完全按照各细胞期进行罗列。

但是哺乳类通过脐带和子代连接，并通过脐带直接将养分供给至子代。这种方式不需要使卵黄聚集在卵中，因此卵细胞再次变得基本没有卵黄，并进行均等卵裂。卵裂方式取决于卵内的卵黄分布方式并且和生物的进化相关联。

海葵、杯子、甜甜圈

卵进行卵裂进而变成无数个小细胞聚集体之后开始下一个过程。卵开始凹陷，并形成叫作胚孔的洞。之所以会发生这样的变化，是因为为了使动物有嘴并在嘴的内侧形成消化器官而穿孔以区分体内和体外。

海葵的嘴和肛门不连通，就像杯子一样凹陷下去，而更高级的胎生动物嘴和肛门相连，整体就像甜甜圈一样是中空的。此时，如果开始凹陷的地方变成了嘴，那么这种生物就叫原口动物；如果变成了肛门，那么这种生物就叫后口动物。

也有像青蛙一样，卵会进行复杂变形的生物。要发生这种神奇的变化需要细胞进行移动。此时，细胞中没有观察整体情况决定自己的行动的判断中枢，因此该变化由自组织引起。

此时随着卵裂的不断发生，不同的基因会在各处的细胞进行表达并释放不同的化学物质。这样一来，会在局部出现化学物质的浓度连续变化的浓度梯度。每个细胞均按照该浓度梯度像变形虫一样在细胞表面移动。当形成了某种结构以后，其会变成信号使新的基因表达，然后形成下一个诱导信号的浓度梯度再形成新的结构。

新的不同的基因就像这样不断地在每个场所进行表达，并在不同场所形成不同结构。另外非常复杂的器官分化也通过这样的自组织的过程而形成。虽然细胞只是对不同场所进行不同的局部反应，但整体呈现的效果却十分惊艳。

复杂的形态也从自组织产生

采用该形态形成自组织的话，一开始基本相同的细胞的集合体最终会变成适应每个场所的结构。其中，关键就在于制造出最初的信号——化学物质的浓度梯度的细胞。

该细胞制造出最初的浓度梯度，才会有后面的细胞对局部条件进行反应进而进行复杂的细胞间分工的过程。在一个使用蝾螈卵的实验中，将发生初期的细胞集合的各部分移植到其他场所后，发现只有特定的部分不管移植到哪里都会诱导胚胎，而有一部分细胞则只会听天由命。

另外还发现，在发生后期，各部分的命运已经决定好了，就算进行移植也不会变成其他物质。另外，现在已知的新的基因通过诱导反应在不同的场所进行表达，进而进行连锁变化形态，也能证实如上现象。

没有智慧的细胞也能通过单纯的连锁反应从而达成复杂的形态形成。也就是说，生物的形态形成由自组织引起这一事实，证明了生命不是通过有智慧的物质设计的，而是通过基因表达和随之而来的简单的反应在进化的过程中形成了生物这一现代科学中的自然观。

鸡蛋的蛋黄
确实很好吃。

Part 3

有趣的生物学

蚂蚁为什么会做出最佳选择

虫子能进行合理判断的理由

群居生物除了作为个体要做出决策以外，还要决定集体的行为方式。这叫作集体决策。

集体决策的结果会决定集体的命运，因此必须要做出确切的判断。具有大脑的脊椎动物中，也许最聪明的个体会在掌握了整体情况之后做出最佳判断，但能力低下的昆虫（虫子）等也面临着这一问题。

那么虫子的社会中是如何做出合理判断的呢？我们来看一下蜜蜂和蚂蚁在选新巢时的行为。

蜜蜂在搬到新巢时，蜂群会暂时在树枝杈上集合，然后侦查蜂飞到各种地方进行侦察。待侦察完回巢后，侦察蜂如果觉得自己刚才看的“候补巢”不错，就会跳一种动员大家前往的舞蹈。蜂会在狭小的范围内像画“8”字一样跳舞，这就是非常有名的8字舞。

8字的方向表示目标的方向，舞蹈的激烈程度表示目标的距离。其他蜂根据舞蹈的指引前往候补巢穴，回来后在其他蜂前开始跳舞。

这样一来，蜂会逐渐前往各个候补巢穴。虽然短时间内决定不了究竟选哪个，但一两天之后，去某个特定巢的个体变多并达到一定数量之后，群体整体开始周期性地扇动翅膀，然后整体就会飞向那个特定的巢。也就是说，蜂最后会选出一个最合适的巢。

群体的决定超过个体的能力

蚂蚁的情况也相同。侦查个体寻找新巢，回来之后动员其他同伴前往那里。经过一定时间后，当特定的候补巢中的个体数超过一定比例，则全体开始向那里移动。也就是说，蚂蚁会选出多个候补巢中最合适的巢。

侦查个体或被动员的个体并不是比较所有候补巢选出最好的那个，再让同伴过去。大部分个体只去一个候补巢，如果觉得好的话再动员其他同伴前往。

虽然只是个体层面进行了决策，但从整体上来说相当于比较了所有候补再进行选择（选择最好的巢）。因此群体的决定超过了个体的能力。那么它的决策机制是什么呢？

在进行集体决策时，蜂和蚂蚁们用的是少数服从多数的原则。虽然不知道具体是不是超过了半数，但一定数量的个体去了特定的候补巢的话，整体就会移动，所以由此判断它们采用的是少数服从多数的原则。

也就是说，为了使个体的决策反应在集体的层面，只要让尽量多的个体做出和某个体相同的决策即可，即需要将更多的个体动员到高质量的候补巢，而只让少数的个体前往质量低的候补巢。

对于蜂来说，去了质量高的候补巢的个体跳舞的概率高，往返该候补巢的次数多。对于蚂蚁来说，去了质量高的巢的话查看巢所需的时间短。

这就是动员更多的个体前往质量高的候补巢的机制。用一句话总结，候补巢的质量越高，被动员前往该巢的个体就会越多。但目前我们还不知道是不是任何情况下都呈这种正比例。

蚂蚁的例子中，如果候补巢的距离相等的话就符合上述原理，但实际上候补巢的距离不一定都是相等的。目前还没发现这种情况下的机制。正因如此，才有研究的价值……

虫子为什么是少数服从多数

为什么是少数服从多数呢？其中有两个理由。

一个理由是降低做出错误决定的概率，另一个理由是提高做出正确决定的概率。首先，如果根据极少数个体的判断进行集体决策的话，若该个体碰巧进行了错误的判断，那整体出错的风险也会变大。

个体有一定概率会犯错，如果一个个体直接进行整体的决策的话，若该个体碰巧出错则后果不堪设想。但如果许多个体通过商议进行整体决策，因所有人全都犯错的概率很小，所以此时的风险也变得很小。

尤其像昆虫这种个体能力不高的动物，使用少数服从多数来进行决策会大幅降低进行错误决策的风险。

关于第二个理由即提高做出正确决定的概率，只要满足某条件，少数服从多数就是有效的。这个条件就是个体选择正确答案的概率比随机选择的概率高。

比如，随便从两个选项中进行选择的话，正确的概率是0.5。如果个体选择正确答案的概率是0.7的话（比随机高），那么用一个个体进行整体决策的话正确率是0.7。

这里试着导入“三个个体中两个个体选择了正确答

案时进行整体决策”这种少数服从多数的方法。表2表示三个个体分别进行决策时的选择概率。假设两个个体以上赞成的答案就是整体的答案，那么该答案是正确的概率为0.343+0.147+0.147+0.147=0.784，比一个个体进行决策时的正确率0.7高。

◆ 表2

个体A	个体B	个体C	整体	概率
○	○	○	○	0.7x0.7x0.7=0.343
○	○	×	○	0.7x0.7x0.3=0.147
○	×	○	○	0.7x0.3x0.7=0.147
○	×	×	×	0.7x0.3x0.3=0.063
×	○	○	○	0.3x0.7x0.7=0.147
×	○	×	×	0.3x0.7x0.3=0.063
×	×	○	×	0.3x0.3x0.7=0.063
×	×	×	×	0.3x0.3x0.3=0.027
				总计 1.0

少数服从多数的优缺点

个体数量越多，进行少数服从多数时的正确率越高。即，当一个个体的正确率比随机选择的正确率高时，那么进行少数服从多数的正确率比个体进行决策时要高。

蚂蚁和蜂都接受了自然选择，所以它们个体的正确率应该高于随机选择的正确率。也就是说少数服从多数时的正确率应该也很高。但要注意的是，当个体的正确率低于随机选择的正确率时，少数服从多数就会有很大的概率做出错误的选择。所以少数服从多数不是万能的。

人类的民主主义和少数服从多数一样，人的正确率是否比随机选择的正确率要高呢？

少数服从多数还有一个缺点，就是进行决策所需的时间长，这一点取决于“参与集体决策的个体数”。

参与决策的个体数取决于增加个体数后正确率能提高多少以及进行决策所需的时间。也就是说，紧急时就需要牺牲一点正确率通过少数个体进行决策。

在昆虫的世界中，当出现紧急情况时是否真的减少了参与决策的个体数量呢？

大脑和蚂蚁很相似

生物学最大的课题

集体性昆虫能通过统计个体的简单判断，来做出对整体最有利的决策。但是，大脑发达的哺乳类动物等群体中存在极少数的决策者，决策者掌握群体的整体情况并进行群体决策。

决策者做出正确判断的概率要比通过少数服从多数进行集体决策高，或者需要在短时间内做出正确的判断。用一句话来说就是决策者的能力必须要非常高。

他们要根据不同的情况做出不同的判断。为什么哺乳类能实现这一决策方式呢？这是因为哺乳类动物具有比其他动物发达的大脑。尤其是人的大脑非常发达，能进行其他动物不可能进行的深度、抽象的智能活动。可以说人之所以是人也是因为大脑的存在。

现在我们还不知道大脑为什么能实现这么复杂的功能。这就是现代生物学最大的课题之一，虽然我们进行了许多大脑相关的研究，但目前还没有权威的解释。

目前我们已经掌握了大脑的结构，大脑的末端是神经细胞。神经细胞细长，由长的轴突和短的树突构成。神经细胞受到刺激之后，轴突的中心会向两端进行电刺激来传递兴奋，兴奋传递到两端后，仅从一端释放神经递质将兴奋传给下一个神经细胞的树突。

通过该机制，神经细胞会只朝一个方向传递刺激。

群体和大脑很相似

大脑聚集了无数个神经细胞并形成网络。但是，如果只有网络就行的话，那么科幻作品中的经典桥段——互联网具有智慧也就不稀奇了，但在现实中这是不可能的。在现实中重要的不是形成网络，而是如何去使用网络。但针对大脑的实验十分困难，这也是智能研究的困难之处。

大脑在末端聚集了只能进行on / off这种简单判断的神经细胞，并根据不同情况做出不同的合理判断。这一点与蚂蚁和蜂群体很相似。二者均由只能进行简单判断的末端元素构成，但整体却能做出超越单个元素能力的合理判断。

只要知道蜂和蚂蚁群体的工作原理，也许就能从原理上了解大脑的工作机制。就算不能完全了解大脑的工作机制，但至少也能让电脑等通过该方式连接并使其做出超越个体能力的判断，也就是人工智能。

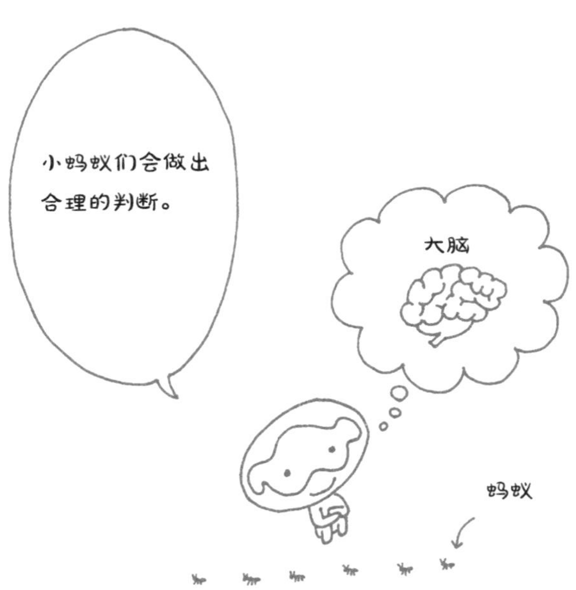

人和蜜蜂都会抑郁

人是有感情的动物

目前我们还没有研究出大脑的工作机制。其实一开始人类的大脑没有这么大，也没有这么复杂。大脑一直存在于简单的生物中，最后逐渐变成复杂的人类大脑。在有大脑的动物中，使大脑运转的基本结构都是神经细胞的集合。

人类的特征之一是具有高层次的感情。比如说“文学”这种艺术领域就是通过文字描写各种感情的。并且人类也是有感情的动物，比如说不管一件事多合理，只要自己讨厌，那么无论如何都不能接受。

人类世界中的所有问题可以说都是因无视其他人的感情，而强制采取对自己有利的行为造成的。如果存在对所有人来说都有利的事情的话（有人相信确实存在），那么世界上应该就不会有纷争了吧。

意识和身体哪个更优先

人类具有各种感情，但我们还不知道人为什么有各种感情。比如说恐惧是为了不让对自己有危害的东西接近或让自己逃跑而存在的感情，可是高兴、难过、满足等感情存在的理由又是什么呢？这一点恐怕没人能说清。其实动物如猴子等也存在感情，这是为什么呢？

另外，我们也有意识，但目前还不清楚为什么人会进化出意识。有一项研究显示，人的大脑在对某个状况产生意识之前，身体已经做出了反应。

如果这一观点是真的，也就说明我们的身体不受意识的控制，意识是随着身体的反应而出现的。这究竟是为什么呢？

人的意识和感情中最不可思议的就是“抑郁”的存在。人抑郁之后就变得情感迟钝，没有开心或者高兴的感情和欲望，并且会非常悲观和痛苦。

从生理学角度来说，抑郁状态会减少大脑的神经细胞分泌神经递质，而改善这一分泌的化学物质就能改善抑郁症（即抗抑郁药物）。人在长期较大压力的情况下容易产生抑郁，但其实目前我们还不太理解抑郁这种感情的适应性意义。

抑郁的小龙虾

如果距人类较远的动物出现了该症状的话，那么说明“抑郁”这种现象会在有大脑的动物中出现，并且如果长期维持该症状的话，说明其具有一定的“适应性意义”。因为如果抑郁只能带来不利，那它早就在漫长的生命历史中被淘汰了。

动物也会抑郁吗?

有几项研究显示动物也会抑郁。首先是小龙虾。雄性小龙虾会因雌性小龙虾而争斗。输掉的小龙虾会在短期内不会再与其他小龙虾争斗。研究输掉的小龙虾的大脑后发现，它们神经递质的分泌变少了。失去欲望的小龙虾的大脑生理状态与抑郁状态的人十分相似，可以解释成因为输而受到了压力，从而变成了一种抑郁。

另外该研究还显示，给抑郁状态的小龙虾喂抗抑郁药之后，小龙虾会恢复斗志。大脑的神经递质的分泌量决定了生物采取积极行动还是消极行动。

有研究显示，赤拟谷盗这种昆虫也有这种习惯。雄性之间战斗之后，输掉的一方变得短时间内不再战斗，而且研究发现这个时间是3天，3天之后输掉的雄性会重新开始战斗。

选出恢复时间长的系统和恢复时间短的系统，使两个系统之间反复进行交配后出现了恢复时间为2天和4天的系统。该“恢复时间”具有遗传背景，可以人为使其进化。这也意味着3天的“恢复时间”其实也是进化的产物。

这一研究中虽然没有测量脑内神经递质的量，但如果这种生物现象和产生于小龙虾的现象相同的话，那么受到压力变得抑郁和消极也是某种适应性进化吧。

悲观的蜜蜂

某研究发现，当一直给蜜蜂施加压力后，蜜蜂会基于悲观的未来进行行动，此时蜜蜂脑内神经递质的分泌量下降。这可以解释为蜜蜂和人一样会由同样的生理机制引起抑郁，而且也会变得悲观。

最近一个关于鱼的研究显示，当在河中投入抗抑郁药的成分之后，鱼开始采取大胆的行动，并且会游到开阔的场所，因而更容易被捕捉者捕捉。此时神经递质的分泌量应该比正常状态高，因此鱼应该变成了焦躁状态。因为变成焦躁状态存活率就会下降，所以抑郁状态可能反而会提高存活率。

如上现象显示了人类的心理活动也是由具有大脑的祖先继承进化而来的。那么这样的话，抑郁状态也是有意义的。

遗传：概率和偶然的生物学

遗传现象的支配

遗传非常简单，遗传现象受到偶然和概率的支配，只要掌握了几个基本原则就能基本解决遗传问题。

高中生物课的遗传领域讲的是“二倍体生物”的遗传现象。二倍体生物指的是从头到脚均有两组基因集合（基因组）的生物。其中一组来自母亲，另一组来自父亲。

包含人在内的二倍体生物在繁殖时，母亲提供卵子，父亲提供精子，二者结合（受精）之后生出下一代。母亲和父亲均具有两个基因组，只有其中一组进入卵子或精子。

也就是说，卵子和精子（配子）是只有一个基因组的单倍体。单倍体精子和卵子结合从而形成和父母一样的二倍体子代。这就是二倍体生物的繁殖方式。

孟德尔分离定律

基因组是指支配生物各种性质的基因的集合，决定某性质（比如头发颜色）的基因存在于基因组中的特定位置（该位置叫基因座）。因为基因组有两个，所以一个生物中存在两组基因。

这里用某记号表示表现特定性质的基因，比如，产生使头发变黑的色素的基因用B表示，而不形成黑色素使头发变成金色的基因用G表示。像这样存在于相同基因座且表现不同性质的基因叫作等位基因。因为一个个体中有两组基因，所以一个个体中该基因的组合可能有BB、BG、GG三种。

例如，当组合是BG的父母生育子代时，配子所具有的基因不是B就是G，而且进入配子的基因是随机的，因此配子中B∶G的比例是1∶1。这就是“孟德尔分离定律”。

此时，父母的配子结合形成子代，如果父母的基因型都是BG的话，那么母亲和父亲会分别以1∶1的比例形成B和G的配子，由此结合而成的子代的基因型及比例为

BB：BG：GB：GG=1：1：1：1（参照第18页表1）。这是孟德尔分离定律的基础。

即BB：BG：GG=1：2：1。如果父母均是BB的话，那么子代中BB：BB：BB：BB＝1：1：1：1，如果母亲是BG父亲是GG的话，那么子代中BG：BG：GG：GG＝1：1：1：1。

子代头发的颜色

接下来考虑分别具有不同基因型的子代头发的颜色。具有B基因的个体能形成黑色素，所以头发的颜色是黑色。BB和BG相同，头发的颜色均是黑色。只有GG这种组合，因为没有形成黑色素的基因，所以头发是金色的。

表现于子代的性质叫作表型。所以如果父母的基因型都是BG的话，那么子代的表型是BB（黑）：BG（黑）：GB（黑）：GG（金）＝1：1：1：1，所以总计黑：金＝3：1。

等位基因之间存在优劣关系，叫“显隐性定律”，显性基因即个体具有这个基因的话一定会表现出来。虽然这一定律并不是在所有等位基因间都成立，但比如说控制头发颜色的基因中，形成催化某化学反应的酶和不形成催化某化学反应的酶的等位基因之间，因为B具有催化合成黑色素的酶，所以其相对于G来说是显性的。

如果BB能形成很多色素，而BG只能形成少量色素的话，那么BB是黑色，而BG可能是棕色。这种情况下显隐性定律不完全适用，表型比为黑：棕：金＝1∶2∶1。

也就是说表型是3∶1还是1∶2∶1取决于基于分离定律的配子的比例和等位基因之间的关系。如果以上的内容都理解了的话，那么遗传问题就基本都能理解了。

因为所有的遗传现象中，表型仅取决于有几个基因座（上面的例子中是一个基因座）、每个基因座有几个等位基因以及等位基因之间的关系。

遗传的大原则

孟德尔发现的孟德尔三大定律（分离、显性、自由组合）中还有一个定律是自由组合定律（也称独立分配定律）：支配不同性质的基因座会独立、自由地分配到各个配子中。

自由组合定律并不是万能的，基因组分成多个染色体然后分配到各个配子中，所以存在于不同染色体中的基因座之间符合自由组合定律。另外，同一个染色体上相邻的基因座会一起移动（连锁）。

遗传的大原则是：

1. 个体所具有的两个基因中的一个进入配子，不同基因进行组合之后产生子代的表型。

2. 形成一个配子时，亲代所具有的两个基因中哪一个基因进入配子是随机的。

只要理解了偶然和概率，就能轻松掌握遗传的知识。遗传只不过是配子和配子上的基因如何发挥作用、基因如何决定表型的过程。分离定律这一大原则加上显隐性定律以及自由组合定律，有时在特殊情况下加上其他定律就能解释遗传。这些定律会在不同的阶段发挥作用，从而决定了表型的比例。

只要理解了每个法则发挥作用的顺序以及结果，就能轻松地理解遗传现象。这和其他的生命现象的原理基本相同。

孟德尔
孟德尔确立了
遗传学的基础。

分离比的故事

组合决定表型

一个基因座（参照第18页）上的两个等位基因决定某表型可以叫作“一基因座二等位基因模型”。具有B这种使头发变黑的基因的话（基因型是BB或BG）头发会变黑，只有基因型是GG时头发才会是金色。

一基因座二等位基因模型中，表型的分离比是3∶1或1∶2∶1，总计是4。也就是说，2个等位基因进入各配子中，其组合决定表型，因此母亲2个类型×父亲2个类型＝4个基因型，决定了最后的表型。

有时特定的基因型会导致子代死亡，只有这种情况下表型比例会发生变化。比如以头发为例，假设GG这种基因型会导致死亡（致死基因）。子代中的基因型在原则上是

BB：BG：GG＝1：2：1，BB和BG的表型是黑色，GG死亡，因此表型的比例是黑：金＝3：0。

也就是说重点在于基因型的比例以及每个基因型的表型。

两个基因座

该系统升级后会出现二基因座二等位基因模型。一基因座二等位基因模型中，决定性质的基因座只有一个，而二基因座二等位基因模型中支配性质的基因座有两个，每个基因座上分别有两个等位基因。

因为有两个基因座，所以问题在于自由组合定律是否成立。要解决这一问题，只需要考虑自由组合定律完全成立，并且一个基因座中的等位基因不会对另一个基因座的基因产生任何影响的情况即可。除此之外的就是例外情况。

假设有两个基因座，每个基因座上分别有A、a和B、b两个等位基因。此时配子的基因型的组合有四种，即AB、Ab、aB、ab＝1：1：1：1，因此受精卵的基因型如表3所示有4×4＝16种。

◆ 表3

		卵子			
		AB	Ab	aB	ab
精子	AB	AABB	AABb	AaBB	AaBb
	Ab	AABb	AAbb	AaBb	Aabb
	aB	AaBB	AaBb	aaBB	aaBb
	ab	AaBb	Aabb	aaBb	aabb

配子的基因型组合越多就越复杂，但基本思想和一基因座二等位基因模型相同，只不过是组合从4种变成了16种。剩下的问题就是等位基因会表现什么性质，即等位基因间的相互作用了。这一点也和一基因座二等位基因模型相似。

遗传是单纯的现象

这里我们将有A和B时的表型写作[AB]，有A无B时写作[Ab]。通过表3可知[AB]：[Ab]：[aB]：[ab]＝9：3：3：1。

总计是16。此时，表型的分离比取决于两个基因座上的等位基因的组合所表现的性质。

比如，假设A能形成红色色素，B能形成蓝色色素，那么[AB]：[Ab]：[aB]：[ab]＝紫：红：蓝：白＝9：3：3：1。如果存在A和B时花会变成红色，A和B只存在一个时花变成粉色，最终花的颜色比例为红：粉：白=9：6：1。

再举一个例子，如果具有A、B其中一个基因花就会变成红色的话，那么花色比是红：白＝15：1。很简单吧。

遗传就是这么简单：

1. 具有何种等位基因的配子以何种比例出现，以及具有何种基因型的受精卵以何种概率产生；

2. 等位基因的组合产生相应性质。

只要掌握了这两点就能掌握遗传。

前者取决于分离定律和自由组合定律，后者就要具体问题具体分析。使问题复杂化的是将如上所述的表型的分离比改变取名为“多基因遗传”等不同的名字造成的。人们自然就以为不同的名字代表不同的现象。

过去人们对遗传的机制还不了解，所以将不同的现象起了不同的名字。但是如上所述，它是基于简单的原理的相同现象，只不过对等位基因的表型产生的影响不同而已。

生物学要记忆的东西非常多，可能有人觉得很无聊，但其实只要掌握了贯穿各种现象的原理，生物学就会变得简单又有趣。

◆ 表4

定律	内容
分离	两个基因组分别进入到不同的配子中，因此配子的分离比是1：1。
显性	显性基因：具有该基因的话就表现出相应的性质。 隐性基因：仅有该基因的话就不表现出相应的性质。
独立分配	除连锁以外，不同的基因座会自由地分配至配子。

（各基因座的基因遵从分离定律）

连锁和基因组

能制造出一个完整生物的一组基因的集合叫基因组，可以将基因组理解为一条非常长的DNA。但过长的DNA难以管理，所以实际上几乎所有生物的基因组都分为好几条，并分别作为染色体进行保管。一条染色体上有许多基因座，也就是说一条DNA上有许多基因座。

父母的两条染色体中只有一条会进入配子，所以（划重点！）相同染色体上的不同基因座的基因会一起移动。也就是说自由组合定律不适用于这些基因座。这些基因座互相连锁。

若A和B连锁，则AB基因型会直接传给配子，即自由组合定律不成立。这种情况下，虽然有两个基因座，但遗传方式和只有一个基因座时相同。

更麻烦的是，即使两个基因座连锁，但基因座的距离很远的话其组合就会改变。这当然是有理由的。

在形成配子时DNA会进行复制，复制方式为两对相同的染色体排列并分别进行复制。两条DNA链有时会互相改变连接，比如AB、ab这种连锁，如果其间连接发生了改变的话，就会出现具有Ab、aB基因型的配子。这个现象叫作“重组”。重组发生的概率取决于两个基因座的距离。距离越近越不容易发生重组，距离越远越容易发生重组。

如果距离过远的话，就会频繁地发生重组，因此此时的状态与独立分配定律成立时的状态相同。另外，能从子代的表型的分离推断形成配子时两个基因座之间发生重组的概率。

比如说，如果没有连锁的话，则AB：Ab：aB：ab＝1：1：1：1，如果父母的基因型都是AaBb而子代的基因型是AB：Ab：aB：ab＝9：1：1：9的话，则有AB、ab这种连锁，发生重组的概率是10%。因此也可以知道基因座的顺序以及其分离程度。

比如在测量三个基因座X、Y、Z之前的重组率时，若X－YX－Y＝10％、Y－Z＝3％、X－Y＝7％，则其顺序是X－Y－Z，距离是7：3。

生物现象的基础：进化

总结一下，这一系列现象可以理解为遗传物质是DNA，DNA上基因以碱基序列的形式存在，二倍体生物有两个基因组，在形成配子时用到分离定律和基因重组。生物所示的各种现象在基础事实、定律之上互相影响。

因此，一边理解其相互关系，一边构造整体的宏观图示才是学习生物学的捷径，但事实上很多生物老师都没有这种观念。

这是因为许多生物教师对自己的专业分子生物学、遗传学等十分了解，而对所有生物现象的基础——进化的理解却少之又少。我认为生物课本在一开始应该讲进化的机制及其带来的结果。

进化
DNA
分离定律
自由组合定律
知道贯穿现象的原理
就能理解生物学。

性出现的理由

神秘的性

二倍体生物中，两个基因组中的一组会分配至配子，然后与其他个体形成的配子结合，形成具有二倍体的身体的子代，这种情况下遗传定律成立。

将自己的遗传信息和其他个体的遗传信息混合，从而形成子代的方法叫作“性”。以人为首的具有性的生物非常多，地上几乎所有的动植物都有性。但仔细思考一下的话就会发现，性是生物学上最大的谜团之一。

首先我们看一下没有性的生物。细菌等没有性的生物在繁殖时先复制自己的遗传信息，然后将身体分裂成两个，并将每一组遗传信息分配到每个新个体中，从而恢复为原来的状态，非常“简单粗暴”。

这里我们思考一下自己具有的遗传信息会有多少传递给子代。因细菌复制自己具有的遗传信息并全部传递给下一代，所以传递率是1。子代具有和自己完全相同的遗传信息。

那么有性的生物呢？二倍体生物将两个基因组中一组传递给配子，并且使该配子与其他个体形成的另一个配子结合，从而将子代还原为二倍体。

此时父母所具有的遗传信息中会有多少传递给子代呢？因为只有一半基因组会传给子代，因此遗传信息的传递率是0.5。也就是说，有性生殖中只有一半遗传信息会传给子代。

有性生殖和无性生殖

请大家想一下生物的进化。进化的原理是当生物有许多种不同的性质，而且决定该性质的遗传信息传递给后代的传递率不同时，若传递率高，则该性质会变得越来越多，最终会变得只有该性质。

将性质换成性的话，则无性生殖的遗传信息的传递率是1，而有性生殖是0.5，显然无性生殖的有利之处是有性生殖的二倍。可能有人认为，这样的话生物应该就只剩无性生殖生物了，但实际上几乎所有动植物都是有性生殖。

只能认为遗传信息传递率低的有性生殖广泛存在有利性能充分弥补这一缺陷。但是能克服二倍成本的有利性究竟是什么？为什么进化出性是生物学上的一大谜团。

当然现在出现了几种假说。其中一个假说称因环境经常改变，所以子代中混合存在具有不同性质的个体更有利。无性生殖不会使子代有太多遗传多样性，但有性生殖却可以。

该假说认为例如当环境发生改变时，没有多样性的后代可能会全部灭绝，因此能在不同环境生存下去的各种个体更有利于长期生存。一个使用酵母的实验发现，当环境改变时有性性状会变得有利，并且也得到了性是有利的结果。但该实验并没有证明性具有能弥补两倍差距的有利性。

还有一种假说是子代的基因型不断变异有利于抵抗疾病。病毒等病原体入侵到个体内部时，利用的是由基因型决定的细胞表面的蛋白质结构，病原体会对该结构型产生适应性进化，因此现有的基因型容易得病，而新的基因型则不易生病，因此是有利的。

《爱丽丝镜中奇遇记》中登场的红皇后

如果为了抗病而变异出的基因型增多的话，病原体也会对其产生适应性进化，所以新的基因型会一直有利。这不是对环境变化（不知道会不会发生）的适应，而是新的基因型就是有利的机制。

从“生物不能停留于现在的状态”这一观点来看，这一假说被比喻成《爱丽丝镜中奇遇记》中让大家不停奔跑的红皇后，因此也叫“红皇后假说”。但是我们不知道这一优点能否弥补二倍成本。

我们研究小组认为性的成本实际上比两倍小得多。

具有性的生物分为形成卵子的雌性和形成精子的雄性，因为雄性不能育子，所以当存在一半雄性时集体的增殖率就降低了一半，因此性有巨大的成本。

但有时集体中的雄性会变得非常少，这种情况下性的成本应该比二倍小得多。这样的话即使性只有非常小的优点但也比无性生殖有利。

实际上，在兼具有性和无性生殖的蓟马这种昆虫中，集体中无性生殖的蓟马越多的地方，有性生殖的雄性的比例越少。在有性生殖的蓟马和无性生殖的蓟马的竞争激烈的地方，有性生殖的蓟马通过降低雄性比来降低成本，从而和无性生殖的蓟马对抗。

无论如何，目前还没有关于性的完整的解释，有人愿意研究一下吗？

为什么有雄性和雌性

大配子和小配子

有性的话，个体会将一半遗传信息传递给配子，并通过与另一个配子结合来重新形成二倍体。因为这是从最初类似于没有性的细菌的状态进化而来的，所以最初的两性的配子大小应该相同。

但是现存的有性生殖生物基本都分化成有大配子（卵子）的雌性和有小配子（精子）的雄性。雄性和雌性是如何出现的呢？

一开始是由相同大小的配子互相结合从而形成受精卵。从受精卵形成的子代的大小应该取决于受精卵的大小，即小受精卵形成小的子代，大受精卵形成大的子代。

如果子代过小则容易死亡，受精卵越大则子代的存活率就越高。但也不是越大越好，大到某种程度的话就足以生存下去，因此更大的子代就是对资源的浪费。

配子一开始会进化得越来越大，但到了某种程度之后卵子的大小便停止了进化。于是出现了“叛徒”。如果对方的资源能让孩子足够大，那不如减少自己对配子的投资转而制作更多的配子，这样就能留下更多的子代，于是就诞生了形成小配子的雄性。这个雄性就是“叛徒”。

雄性的战略和雌性的战略

雄性的配子减小之后，雌性就无法减小配子的大小，因为太小的子代容易死亡，所以雌性无法减小自己的配子大小。由此确立了雌性和雄性进行的有性生殖这种生殖方式。

当这种生殖方式普及之后会进一步发生进化。雄性的战略是“靠数量取胜”，因此雄性对对方不会挑三拣四，只要是能形成足够大的卵子的雌性即可。就算偶尔遇到了不好的雌性，但精子会马上得到补充，此时再寻找下一个雌性即可。

但雌性却不能这样，雌性对卵子投资了很多资源，因此卵子浪费会严重提高成本。因此，雌性会谨慎选择交配对象。

争强好胜的雄性

雄性和雌性的这种行动差异带来了各种进化。比如说雄性为了得到更好的雌性而使攻击性进化，然后雄性之间会围绕雌性进行争斗。另外，有的雄性还会向雌性展示自己的优点。

◆ 图9

另外，蚊蛉这种昆虫，捕不到猎物的雄性会装作雌性并从捕到了大猎物的雄性那里抢走猎物，再将猎物送给雌性从而获得交配的机会（图9）。

产生于雌雄之间的各种现象是从有雄性和雌性这一事实衍生并进化而来的。其实人和其他生物一样，正因有了男女，人生才变得如此复杂。

世代交替、核相交替与外星人

人类的身体是二倍体

生物课上在讲到植物的现象时，关于世代交替和核相交替，会提到苔藓植物在配子体上形成卵子和精子，受精后形成孢子体进而发育成为孢子，而蕨类植物本身形成孢子，并从孢子产生原叶体，等等。可能很多人都听得云里雾里，我就是其中之一。

但仔细思考一下就会发现这些现象都基于一个连贯的理论，并在该理论的基础上加以个案的分析。

进行有性生殖的生物中，不管是动物还是植物，都是从具有两个基因组状态的身体形成只有一个基因组的细胞，然后两个细胞结合后再次变成二倍体的身体。这种方法能有效保持性这一系统并能使其在世代间延续。

比如说人的身体是二倍体，只有卵子或精子是单倍体。植物中，常见的树、草是二倍体，只有花粉或雌蕊中的卵细胞是单倍体。也就是说，所有的二倍体有性生殖生物一直在进行二倍体状态和单倍体状态的循环。简单吧。

动物的二倍体身体是主体，只有在形成卵子或精子时将基因组减半（减数分裂）。然后精子和卵子不会长大而是直接受精，再次变成二倍体的受精卵并成长为新的个体。

草、树等高等植物和人一样，但有一种植物不同，它的二倍体和单倍体都能形成常见植物体。

蕨类是单倍体还是二倍体

比如说，常见的蕨类植物的主体是二倍体，在其上进行减数分裂形成单倍体的孢子，孢子发芽并成长为小的单倍体的植物体（原叶体），然后在植物体上形成卵子和精子。卵子和精子受精后再次变成二倍体，然后蕨类主体开始成长。也就是说，不管是二倍体时还是单倍体时都是植物的身体。用人类来比喻的话，就相当于卵子或精子发育为人的身体。

常见的蕨类植物体是二倍体（二倍期），因此其和高等植物或动物很相似。而常见的苔藓植物的主体（配子体）是单倍体（单倍期），在单倍体上形成叫作藏卵器或藏精器的器官，进而形成单倍体的卵子或精子。

精子和卵子受精变成二倍体的受精卵，受精卵在配子体上发育变成二倍体的小孢子体，然后小孢子体进行减数分裂形成单倍体的孢子，孢子发育成为新的配子体，然后重复进行如上循环。

该过程中出现了很多专业词汇比如配子体、孢子体、二倍期、单倍期等，可能很多人开始会很迷惑，但其实原理很简单，就是二倍体一代和单倍体一代同时存在，并通过受精和减数分裂不断重复这一过程。

为什么有的植物的主体是二倍体，而有的植物的主体是单倍体呢？

很久之前生物没有性，而且也没有动物，所有的生物都是单倍体植物。准确地说，是以单倍体状态的身体生活。但是，一个个体和来自其他个体的基因组混合更有利，因此进化出性，进而变成只有进行核相交替（二倍体、单倍体的交替）才能生产下一代。

单倍体的身体为主体，在主体上形成配子，通过受精变成二倍体。因为二倍体的身体需要进行将基因组减半的减数分裂才能回到单倍体，因此二倍体的身体需要进行该减数分裂的器官。于是就形成了二倍体时的身体。

关于外星人

由此进化而来的蕨类、高等植物的主体逐渐变成二倍体的身体，而原本是主体的单倍体的身体退化，有的变成原叶体，有的变成像高等植物、动物的卵子或精子等细胞。因此，我们可以从苔藓—蕨类—高等植物（动物）的世代交替和核相交替的过程中窥见进化的历史。

仅罗列苔藓、蕨类相关的知识点毫无意义，只有理解了生物进化的历史以及性的机制才能轻松地理解这一过程。当然，如原叶体、配子体的意义还是要背下来的，但比起全都要死记硬背应该轻松很多吧。

以前只能将每个事物单独罗列起来再从中寻找线索和真理，但现代生物学已经基本掌握了这一真理。所以在该理论之上从整体去理解就会轻松很多。

说个题外话，大家认为电影《异形》中出现的长得像海鳖一样的家伙是二倍体还是单倍体呢？外星人的主体是二倍体还是单倍体呢？

那个怪物的原型是蕨类、苔藓，所以大家可以思考一下，还是很有趣的。

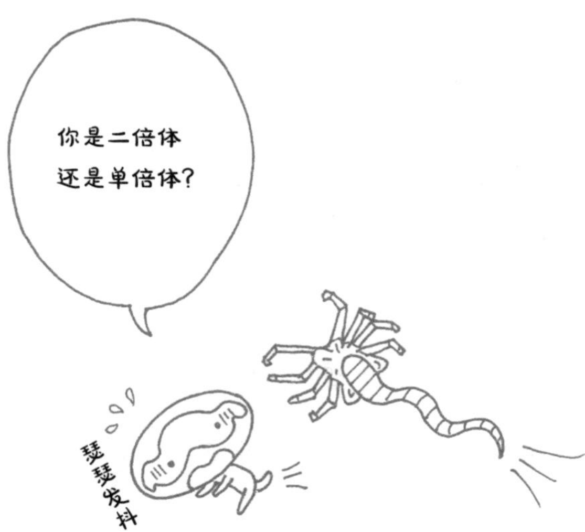
你是二倍体
还是单倍体？
瑟瑟发抖

雌雄之战

雄性和雌性之间的争斗

雌性和雄性配合可以生育下一代，也许人类觉得这是理所当然的。但同时二者也都是具有遗传信息并能进行自我复制的单位。进化的单位是能进行自我复制且自立的功能单位。因此，雌性和雄性之间有时会进行激烈的争斗。

比如，有一种苍蝇在交配时，雄性会把精子和毒液一同注入雌性体内。被注入了毒液的雌性变得很虚弱，很快就会死亡。可是雄性为什么要这样做呢？雌性活着并生育下一代不是对自己更有利吗？

其实，对于雄性来说，这是一种适应性行为。虚弱的雌性会将自己的体力和营养全部用于产卵，此时产的卵会比普通状态多得多。而没有被注入毒液的雌性会不断地和其他雄性交配，因此一开始交配的雄性的精子基本不会有用武之地。因此，对于雄性来说，将毒液注入雌性体内可以使雌性更多地生产用了自己的精子的受精卵，所以是更有利的。

白蚁的“王室婚姻”

雄性只想着如何使自己的利益最大化，从不会考虑雌性的感受。伦理是人类的价值观，人类的价值观左右不了动物的行为。雌性也同样，如果雄性之间产生了利害关系，那么每个雌性只会考虑自己的利益。

白蚁和蚂蚁、蜂一样，都是社会性昆虫。但是白蚁和蚂蚁、蜂的不同之处在于，白蚁除了蚁后外还有蚁王，并且只有蚁后和蚁王之间进行交配。该虫偶是在结婚飞行中相遇的情侣，潜入枯树中生儿育女，其下一代全部是工蚁，由此形成最初的群体。蚁后会变得十分肥胖，最终变成一个生育机器。

黄胸散白蚁的蚁后过几年之后就会死亡，最后只剩下蚁王。

蚁后死后，从女儿中选出称作补充生殖蚁的新蚁后，新蚁后再次和蚁王生育工蚁。由补充生殖蚁变来的蚁后有很多只，有的群体中一只蚁王有几十只蚁后。因为补充蚁后是蚁后的女儿，所以人们一直认为黄胸散白蚁进行的是父女间的近亲交配。

补充生殖蚁如果是父亲的女儿的话，那么女儿的基因中应该有一半来自父亲。如果补充生殖蚁和父亲交配生出下一代有翅蚁的话，它们的基因中来自父亲的基因组所占的比例应该超过一半。

也就是说，虫偶中只有父亲会留下许多基因，而初代蚁后留下的基因比例会越来越小。

蚁后不会死？

但最近的研究发现，初代蚁后采用一种惊人的手段来防止蚁王单方获利。蚁后在生产工蚁、下一代有翅蚁时使用雄性的精子进行有性生殖，而在生产成为补充生殖蚁的女儿时则不使用精子，仅将自己的基因组传递给补充生殖蚁。

也就是说蚁后可以同时进行有性生殖和孤雌生殖（无性生殖）。这样一来，补充生殖蚁后和她母亲的基因构成完全相同，所以补充生殖蚁后和蚁王交配与死去的蚁后和蚁王的交配完全相同，因此蚁后的利益不会受损。从遗传角度来说，蚁后永远不会死。

雌性和雄性互相依赖，而有时却按照只使自己获利的进化原则展开激烈的斗争。

雌雄不同种：雄性生雄性、雌雄生雌雄的生物

莫名其妙的生物

有的生物雌性和雄性在繁殖上互相依赖，但同时也是激烈的竞争对手。这就是雄性和雌性不同种的让人摸不着头脑的生物。

一般来说，繁殖时，雌性的基因组和雄性的基因组会在子代的身体里，通过染色体分离到配子中或染色体间的DNA重组等而混合。因此，同种的个体中不会出现雌性和雄性的基因结构分化等现象，所以才叫“同种”。但世界之大无奇不有，有一些生物超出了我们平常的认知。

小火蚁、埃氏扁胸切叶蚁等蚂蚁通过混合雄性和雌性基因组的有性生殖的方法生育工蚁，而蚁后则通过孤雌生

殖生育下一代蚁后作为自己的克隆。

用埃氏扁胸切叶蚁进行遗传分析发现，雄性和雌性基因的碱基序列不同，所有工蚁的基因都混合了雌性基因和雄性基因，雌性（下一代蚁后）具有和蚁后相同的基因型，而雄性（下一代蚁王）具有雄性独自的基因型。

跨几个区域调查雌性和雄性的基因型后发现，雌性之间的基因型依然相同，雄性之间的基因型也依然相同。分析结果显示雌性和雄性的基因在几万年前就已分化，这究竟是怎么一回事呢？

如果成为雄性的卵的基因组来自雌性的话，那么雄性和雌性应该具有相同的基因，这和雄性具有独自的基因互相矛盾。但是埃氏扁胸切叶蚁的工蚁不产卵，所以成为雄性的卵应该全部来自蚁后。事实上，蚁后产的一部分卵会变成雄性。

这在遗传上已得到了确认，考虑如上这些情况来看，雄性可能由没有雌性基因组的受精卵发育而来，也可能是精子进入了完全没有雌性基因组的特别的卵子中，然后由此发育而来。

让雄性生“儿子”

雌性在生育新蚁后时不断重复孤雌生殖，雄性也借蚁后之腹进行孤雄生殖生育“儿子”。也就是说，雌性和雄性在生物学上发生了遗传分化，雌性和雄性的基因组不会混合，因此是“不同种”。但尽管如此，受精卵也能发育成工蚁，真是不可思议。

一般来说，如果雌性进行孤雌生殖的话，那么就不需要雄性来生育下一代了，因此雄性会逐渐消失。有很多种生物仅靠雌性的繁殖而存活下来，比如有几种蚂蚁中雄性已经消失，仅凭借蚁后克隆繁殖工蚁存活下来。但埃氏扁胸切叶蚁等蚂蚁中的雄性却没有消失。这是因为由于某种理由，这些蚂蚁必须混合雌性和雄性的基因组才能生育工蚁。

蚂蚁是社会性生物，因此蚁后或蚁王要想活下去就必须依靠工蚁，不能生育工蚁的话就会马上灭绝。如果只有将雌性和雄性的特异性DNA进行混合才能生育工蚁的话，那么即使蚁后能孤雌生殖，但蚁后的基因组无法生育工蚁，因此仅通过雌性进行孤雌生殖这种方法不可取。

于是就只剩让雄性借腹生“儿子”这一种可能性了，

因此导致了雌性和雄性变成了“不同种”。

如今仍然有人在分析这些蚂蚁的基因组，探明这一现象的真相。这一现象也是在使每个基因都获利的进化的原则上产生的。

但同时，不混合基因组就不能生育工蚁，为了世代延续就需要工蚁——这种特异性制约决定了个体的行为。也就是说，个体受到偶然性和必然性的支配。

战斗，还是逃跑

神经的结构

早期生物是单细胞，后来逐渐进化成多细胞并具有复杂的器官，此时就需要控制这些器官的系统。其中之一就是神经系统。

神经由多个细长的神经细胞连接而成，受到刺激后细长部分（轴突）会产生电流，电流从受到刺激的地点向两端传递。当兴奋传递到细胞末端后，从一侧释放神经递质。

邻近的神经细胞具有和神经递质发生特异性反应的感受器，接受神经递质后感受器会产生电位。

然后兴奋会再次通过轴突，并再次通过传递物质传递给下一个神经细胞。通过传递物质在多个神经细胞间传递兴奋的结构，不管哪里受到了刺激都能使兴奋在神经细胞中单向传递。

神经只能单向传递刺激，因此负责感觉的末端组织和中枢即大脑之间具有两个神经系统。这两个神经系统能分别向相反的方向传递刺激，即末端受到的刺激传递给大脑，从大脑发出的指令传递给末端。

交感神经和副交感神经

如上两种神经系统能控制肌肉，但如果要控制具有某功能的器官等就需要增强其功能的神经和削弱其功能的神经。这就是交感神经和副交感神经。

这两种神经系统作用于各种器官，当二者其中一个发挥促进作用时，另一个发挥抑制作用。具体请看表4。

交感神经通常用于提高血压，增加血流量，而在消化器官和生殖器官中却降低血流量，因此不能一概而论。这两种神经系统对不同器官发挥不同作用，因此要记忆的事项又多又杂，十分麻烦。

但从进化的观点来思考交感神经和副交感神经的话，就不用记忆这张表了。

用一句话来说，交感神经发挥的是遇到危险情况时的防御作用，副交感神经发挥的是解除危险的作用。基于该原则就能预测表中写到的作用。

遇到危险时需要将血液输送到运动器官，因此心跳加速，血压上升。为了看清对方而使得瞳孔扩大，为了得到运动所需的氧气而加速呼吸。

◆ 表4

	交感神经	副交感神经
心跳	加速	减速
血压	上升	下降
呼吸运动	加速	减速
消化作用	减弱	增强
血糖	增加	减少
瞳孔	扩大	缩小
血管	收缩	扩张
肌肉系统	增加血流量	减少血流量
生殖器官	减少血流量	增加血流量

同时抑制消化器官和生殖器官等与战斗无关的器官的血流量。这样的话，仅从促进血流量这一观点无法解释的交感神经的作用也基于该原则发挥着作用。当然，副交感神经的作用是解除交感神经所带来的效果。

现在可以预测这两种神经系统对表上没有的器官发挥的作用。也就是说不用记下所有情况，只要知道每个器官的作用以及在紧急情况下的工作状态即可。

生物接受自然选择从而变得更加适应环境，生物所具有的系统也能针对生物所处的情况而恰当地控制身体。从这一观点来看，我们能轻而易举地掌握非常复杂难记的交感神经与副交感神经的作用。

仅罗列生物现象而不讲其中道理的生物课本也许使孩子们失去了学习生物学的乐趣。

后记：知其因寻其果

本书讲了如何去理解各种生物学现象。生命所示的现象非常复杂，但从早期生命出现开始，就作为自立的功能单位基于进化的原理一直在变化。

生物变得如此多样也是有理由的。当发生对生存有利的适应性变化时，该生物会逐渐地只剩下具有该性质的个体。与此同时，生物为了进化会利用一切能利用的资源，如上两点形成了看似毫无关系的生物的各种现象。

因此，生物向适应环境的方向进化，同时具有非常丰富的多样性。这也是生物复杂难懂的一个理由。

高中的生物课本仅罗列各种生物现象，而不讲解其中的关联，所以看起来要背的内容又杂又多。这是我自己过去学生物学时感到最不满的一点。

但是当我专门从事进化现象研究之后，发现只要理解了贯穿生命的原理就能轻松地理解每个部分了。

本书揭示了贯穿多种现象的思考方法，并尽可能地用一种原理解释所有现象。

学问的本质不是罗列并记述各种现象，而是用贯穿各种现象的理论去解释和归纳其间的相互关系。从这一点上来说，高中生物课本不是“生物学”的课本。

以进化为轴心来学习生物学的话，就能把复杂难懂的信息碎片整理成清晰易懂的内容。但其实教生物学的人可能都做不到这一点，更不用说学习生物学的人了。

因为不管是高中还是大学，几乎没有深入讲解进化的原理或相关的知识。所以老师或编写课本的人都没有基于一个轴心去理解生物惊人的多样性。这就是目前令人感到悲哀的现实。

任何事都是有理由的，清楚地解释（说明）世界的理由才是学问的最终目标。不理解就不可能记住，然后就出现了一批又一批讨厌生物学的人。

当然仅凭我一人无法改变现在的生物学教育方法，也无法改变生物课本。但读过这本书的人也许会发现生物学的乐趣。如果你正在高中学习生物学，而本书能帮助你提高生物学成绩，这就是本书的价值所在。

生物学不难，虽然其丰富的多样性看起来很吓人，但它们都是在非常简单的原理或基本物理、化学的制约下进化而来。只要一个一个地攻破了这些知识点，你的脑中就会自然而然地浮现生命的姿态。

因为生物学是“学”。

感谢田畑博文先生企划及编辑本书，感谢帮助我顺利完成本书撰写的各位相关人士！谢谢！

长谷川英祐

2014年2月，于洁白的札幌